Amira Ahmed
Rehab Elgharabawy

A associação bidirecional entre a diabetes e a doença de Alzheimer

Amira Ahmed
Rehab Elgharabawy

A associação bidirecional entre a diabetes e a doença de Alzheimer

Imprint

Any brand names and product names mentioned in this book are subject to trademark, brand or patent protection and are trademarks or registered trademarks of their respective holders. The use of brand names, product names, common names, trade names, product descriptions etc. even without a particular marking in this work is in no way to be construed to mean that such names may be regarded as unrestricted in respect of trademark and brand protection legislation and could thus be used by anyone.

Cover image: www.ingimage.com

This book is a translation from the original published under ISBN 978-3-659-86469-8.

Publisher:
Sciencia Scripts
is a trademark of
Dodo Books Indian Ocean Ltd. and OmniScriptum S.R.L publishing group

120 High Road, East Finchley, London, N2 9ED, United Kingdom
Str. Armeneasca 28/1, office 1, Chisinau MD-2012, Republic of Moldova, Europe
Managing Directors: Ieva Konstantinova, Victoria Ursu
info@omniscriptum.com

Printed at: see last page
ISBN: 978-620-3-36887-1

Lista de conteúdos

Resumo 2

Lista de abreviaturas 3

Introdução 4

Revisão 6

Objetivo do trabalho 16

Sujeitos e métodos 17

Processamento de dados e análise estatística 23

Resultados 24

Discussão 39

Conclusão 50

Recomendações 51

Referências 52

Resumo

Cerca de 60-70% dos diabéticos apresentam formas ligeiras a graves de lesões no sistema nervoso. A compreensão da relação entre a diabetes mellitus tipo 2 e a doença de Alzheimer é cada vez mais importante. O objetivo deste trabalho é estudar a associação bidirecional entre a diabetes de tipo 2 e a patogénese da doença de Alzheimer, que foi monitorizada através do estado glicémico, da medição da CK total e da LDH. Este estudo incluiu 60 indivíduos classificados em 20 pacientes diabéticos (grupo I), 20 pacientes com doença de Alzheimer (grupo II) e 20 pacientes diabéticos e com doença de Alzheimer (grupo III). Foram monitorizadas as caraterísticas demográficas, o índice diabético e o perfil lipídico. Foram analisados os níveis plasmáticos de amiloide beta 40 e 42 (Aβ40 e Aβ42), a proteína C-reactiva (PCR), a creatina quinase total (CK), a desidrogenase láctica total (LDH), o dímero D e o magnésio. Os níveis de Aβ40 e Aβ42 foram significativamente elevados no grupo diabético e de Alzheimer (III) em comparação com o grupo diabético de tipo 2 (I) (50,5 e 7,5 vezes, respetivamente) e o grupo de Alzheimer (II) (25,4 e 2,8 vezes, respetivamente). Os doentes diabéticos e com doença de Alzheimer (grupo III) apresentaram um aumento significativo dos níveis de PCR, CK total e D-dímero, mas uma diminuição significativa dos níveis de magnésio em comparação com os grupos (I) e (II). Em todos os grupos estudados, o colesterol total foi positivamente correlacionado de forma significativa com HbA1c, Aβ40, Aβ42, PCR e CK total. Foram monitorizadas correlações positivas e significativas entre a insulina e a Aβ40, a Aβ42, a PCR, a CK total e o dímero D. Registaram-se correlações positivas e significativas de cada um dos Aβ40 e Aβ42 com a PCR, a CK total e o dímero D. Na análise de regressão linear múltipla stepwise usando insulina como variável dependente e outros parâmetros investigados como variáveis independentes, apenas a duração do DM (β = 0,32, P < 0,01) e Aβ40 (β = 0,62, P < 0,01) permaneceram associados à insulina. Este estudo revelou a importância da Aβ40, Aβ42, insulina, HbA1c, perturbação do perfil lipídico, PCR, D-dímero e magnésio na associação bidirecional entre a diabetes tipo 2 e a patogénese da doença de Alzheimer, que é potenciada pela sua associação, pelo que foi sugerida a possibilidade de depender da beta amiloide como marcador bioquímico da diabetes tipo 2 em doentes com doença de Alzheimer.

Palavras-chave: Diabetes tipo 2, Doença de Alzheimer, Beta amiloide, Proteína C-reactiva, Creatina quinase total, Desidrogenase láctica total, D-dímero, Magnésio.

DM	Diabetes Mellitus
AD	Alzheimer's Disease
ADA	American Diabetes Association
ADDLs	Amyloid beta-Derived Diffusible Ligands
ANLS	Astrocyte-Neuron Lactate Shuttle
ANOVA	Analysis of Variance
APP	Amyloid Precursor Protein
$A\beta$	Amyloid-Beta
BMI	Body Mass Index
CK	Creatine kinase
CRP	C-Reactive Protein
ELISA	Enzyme Linked Immunosorbent Assay
FBG	Fasting Blood Glucose
HbA_{1c}	Glycated Hemoglobin
ICAM-1	Intercellular Adhesion Molecule
IDE	Insulin-Degrading Enzyme
IGF	Insulin Growth Factor
MCI	Mild Cognitive Impairment
MCTs	Mono-Carboxylate Transporters
MDA	Malondialdehyde

MENA	Middle East and North Africa
TNF-α	Tumor Necrosis Factor-Alpha
VCAM-1	Vascular Cell Adhesion Molecule
VEGF	Vascular Endothelial Growth Factor

Introdução

A diabetes mellitus tipo 2 (DM2) é uma das epidemias que mais cresce atualmente, sendo extremamente comum devido à prevalência da obesidade, bem como ao envelhecimento da população. As caraterísticas do DM2 incluem deficiências na ação e sinalização da insulina. A resistência à insulina nos tecidos periféricos resulta em hiperglicemia e hiperinsulinemia [1].

As estratégias de prevenção e tratamento das complicações macrovasculares e microvasculares clássicas da diabetes mellitus melhoraram significativamente. Por conseguinte, as pessoas estão a viver mais tempo com diabetes mellitus, o que pode levar ao aparecimento de novas complicações. A demência (doença de Alzheimer; DA) é um exemplo destas novas complicações emergentes [2]. O risco aumentado de DA é de 50%-150% em pessoas com DM2 [3].

A doença de Alzheimer é a doença neurodegenerativa mais comum e a sua incidência aumenta com a idade. Caracteriza-se pela presença de várias marcas patológicas, incluindo perda neuronal, formação de placas senis compostas por depósitos extracelulares de amiloide-beta, emaranhados neurofibrilares intracelulares compostos por proteínas tau hiperfosforiladas agregadas no cérebro, proliferação de astrócitos e ativação da microglia. Estas caraterísticas são acompanhadas por disfunção mitocondrial e alterações nas sinapses neuronais [4]. Vale a pena mencionar que os mecanismos moleculares e fisiopatológicos que estão na base da DA ainda têm muitos lados obscuros.

A DM2 e a DA são doenças relacionadas com a idade, ambas caracterizadas por um aumento da incidência e prevalência com o envelhecimento [5]. Numerosos estudos epidemiológicos mostraram uma clara associação entre DM2 e um risco aumentado de desenvolver DA. Além disso, as condições relacionadas com a DM2, incluindo a obesidade, a hiperinsulinemia e a síndrome metabólica, podem também ser factores de risco para a DA. Os mecanismos exactos com relevância clínica são 1

pouco claro. Foram propostos vários mecanismos, incluindo a resistência e a deficiência de insulina, a deficiência do recetor de insulina e a deficiência da sinalização do fator de crescimento da insulina (IGF), a toxicidade da glicose, problemas devidos a produtos finais de glicação avançada e seus receptores, lesão cerebrovascular, inflamação vascular e outros [6].

Por conseguinte, são necessárias mais investigações para clarificar a associação entre a diabetes mellitus e a patogénese da doença de Alzheimer.

Revisão

A diabetes mellitus (DM) é um grupo de doenças metabólicas em que uma pessoa tem um nível elevado de açúcar no sangue porque ou o pâncreas não produz insulina suficiente ou as células não respondem à insulina produzida. É uma doença sistémica que pode danificar qualquer órgão do corpo. A hiperglicemia resultante pode levar a complicações metabólicas agudas, incluindo a cetoacidose, e, a longo prazo, contribuir para complicações crónicas que incluem alterações patológicas que envolvem tanto os pequenos vasos (complicações microvasculares), incluindo a nefropatia diabética, a neuropatia e a retinopatia, como os grandes vasos (complicações macrovasculares), incluindo a doença arterial coronária, a doença arterial periférica e o acidente vascular cerebral [7].

Complicações da doença da diabetes:

1. Doença cardíaca e acidente vascular cerebral

O açúcar elevado no sangue pode causar uma acumulação gradual de depósitos de gordura que obstruem e endurecem as paredes dos vasos sanguíneos. E quando os vasos sanguíneos estão parcialmente bloqueados ou estreitados, podem provocar um acidente vascular cerebral ou um ataque cardíaco.

2. Doença renal

A diabetes é uma das principais causas de insuficiência renal. Pelo menos metade de todas as pessoas com diabetes podem ter sinais de problemas renais precoces. A tensão arterial elevada, ou uma história familiar da mesma, pode aumentar o risco de doença renal crónica. O aumento da tensão arterial também parece acelerar o desenvolvimento da doença. Infelizmente, os problemas renais podem ser uma causa da hipertensão, criando um ciclo vicioso.

3. Lesões nervosas

Se os vasos sanguíneos se estreitaram devido a depósitos de gordura, os nervos podem ficar danificados porque não estão a receber o oxigénio e a nutrição necessários. A lesão dos nervos também pode ser causada por outros factores, como a inflamação. A neuropatia diabética causa sintomas de dor, dormência ou formigueiro nas pernas e dedos dos pés, braços e dedos. A lesão do nervo pode até causar disfunção sexual

4. Amputações

Existem duas razões para a amputação de pés ou pernas devido à diabetes. Em primeiro lugar, devido ao estreitamento dos vasos sanguíneos, a circulação nas partes do corpo pode não ser a melhor. Isto significa que os cortes e feridas nos pés ou pernas terão dificuldade em cicatrizar. Em segundo lugar, os danos nos nervos provocados pela diabetes resultam na perda de sensibilidade à dor. As feridas podem ficar infectadas e inflamar-se, levando à necessidade de amputação.

5.   Perda de visão

A diabetes pode causar bloqueios ou crescimento anormal dos vasos sanguíneos na retina. As alterações dos vasos sanguíneos na retina podem levar a problemas de visão e mesmo à cegueira. As pessoas com diabetes têm também maior probabilidade de desenvolver cataratas ou glaucoma [8].

A prevalência da diabetes varia muito na região do Médio Oriente e do Norte de África (MENA). O Egito e a Arábia Saudita encontram-se nos extremos opostos do espetro no que respeita à prevalência da diabetes na região MENA. O Egito tem a taxa mais baixa, de 7,2%, e a Arábia Saudita tem a taxa mais elevada, de 21,8%, como ilustrado na Figura (1). Não há diferença significativa na prevalência da diabetes entre os géneros na população egípcia e saudita [9].

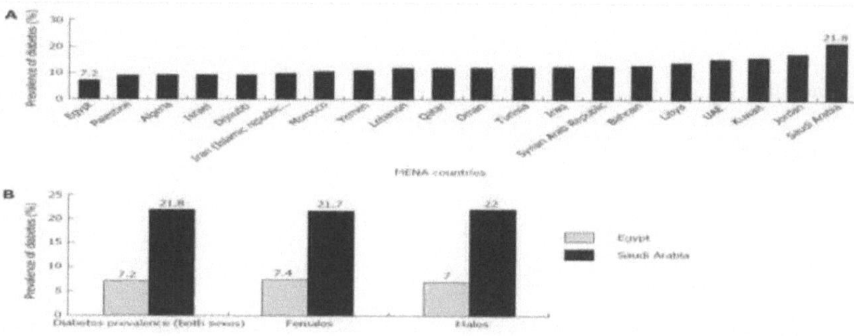

Figura (1): Prevalência da diabetes na região do Médio Oriente e do Norte de África. A: Os países do Médio Oriente e do Norte de África (MENA), tal como definidos pelo Banco Mundial, apresentam uma prevalência crescente de diabetes, B: prevalência de diabetes em ambos os sexos no Egito e na Arábia Saudita [9].

<u>**Classificação da diabetes mellitus:**</u>

■   **Diabetes mellitus tipo 1 (DM 1, IDDM)**

A diabetes tipo I, ou diabetes de início juvenil, resulta de uma destruição autoimune mediada por células das células β do pâncreas. Nesta forma de diabetes, a taxa de destruição das células β é bastante variável, sendo rápida em alguns indivíduos (principalmente bebés e crianças) e lenta noutros (principalmente adultos) [10].

■ **Diabetes mellitus tipo 2 (DM 2, NIDDM)**

A diabetes mellitus tipo 2 (DM 2) é uma doença em que um nível elevado de glicose no sangue resulta do aumento da produção hepática de glicose, da diminuição da produção de insulina pelas células β pancreáticas, da diminuição da libertação de insulina em resposta a estímulos hiperglicémicos ou da resistência à insulina (resposta inadequada à insulina pelas células-alvo). A DM tipo 2 é responsável por cerca de 90-95% dos casos diagnosticados de diabetes [11].

A DM2 é uma das doenças crónicas mais importantes e prevalentes. Afecta atualmente 250 milhões de pessoas em todo o mundo, com 6 milhões de novos casos registados todos os anos. Esta prevalência aumenta com a idade, passando de 12% nas pessoas com 65-70 anos para 15% nas pessoas com mais de 80 anos.

<u>Factores de risco associados à DM tipo 2:</u>

■ História familiar de diabetes

■ Excesso de peso

■ Dieta pouco saudável

■ Inatividade física

■ Aumento da idade

■ Tensão arterial elevada

■ Etnia

■ Tolerância à glucose diminuída (IGT)

■ História de diabetes gestacional

■ Má nutrição durante a gravidez [12]

O mecanismo da doença DM tipo 2 está ilustrado na Figura (2):

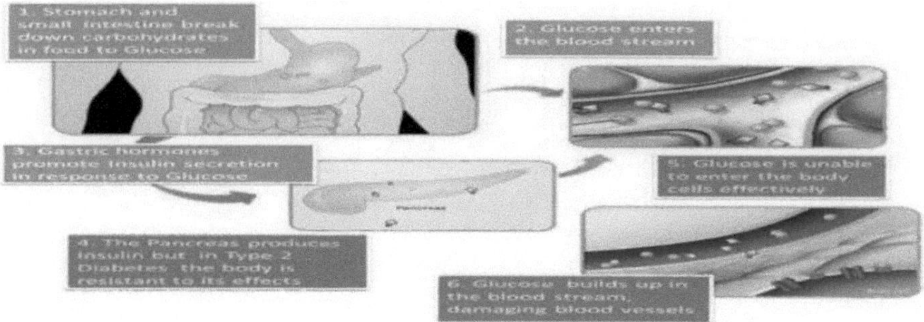

Figura (2): Mecanismo da diabetes tipo 2 [13].

■ Diabetes mellitus gestacional

A diabetes gestacional está associada à gravidez e é causada por deficiência de insulina e hiperglicemia [14].

■ Diabetes mellitus tipo 3 (DM 3)

O DM 3 corresponde a um estado de resistência crónica à insulina e de deficiência de insulina, que está em grande parte confinado ao cérebro. Propõe-se que o DM 3 represente um importante mecanismo patogénico da neurodegeneração da doença de Alzheimer (DA) [15].

Doença de Alzheimer (DA):

A doença de Alzheimer (DA) é a forma mais comum de demência, afectando aproximadamente 36 milhões de pessoas em todo o mundo. Até à data, não existe nenhum tratamento preventivo ou curativo disponível para a DA [16]. Clinicamente, a DA manifesta-se por uma perda progressiva de memória e um declínio gradual da função cognitiva, acabando por conduzir à morte prematura do indivíduo, que ocorre tipicamente 3-9 anos após o diagnóstico. As caraterísticas neuropatológicas associadas à DA incluem a presença de placas senis extracelulares que contêm a proteína amiloide-β (Aβ), emaranhados neurofibrilares que consistem principalmente na proteína tau intracelular e anormalmente fosforilada e uma perda dramática de neurónios e sinapses, especialmente no hipocampo e no córtex [17], como mostra a Figura (3) [18].

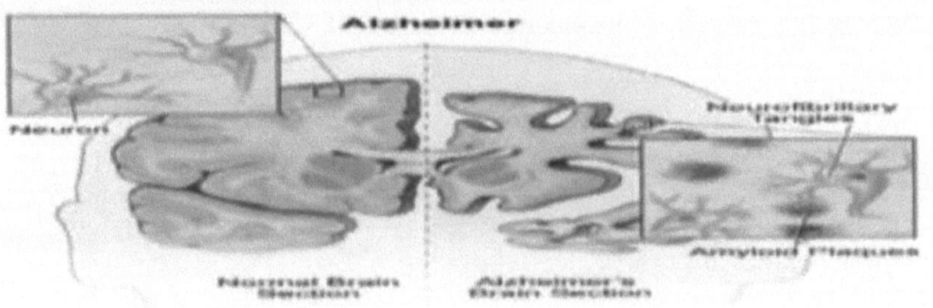

Figura (3): Comparação entre um cérebro normal e um cérebro afetado pela doença de Alzheimer [18].

O cérebro e a doença de Alzheimer:

Na doença de Alzheimer, o cérebro torna-se mais pequeno com o tempo. Há uma abundância de duas estruturas anómalas:

1. **Emaranhados neurofibrilares**: Fibras torcidas que se acumulam no interior da célula nervosa.

2. **Placas beta-amilóides**: São formadas entre as células nervosas. Contêm depósitos de (Aβ), um fragmento de proteína [19].

As placas e os emaranhados danificam as células cerebrais saudáveis. As células nervosas do cérebro dos doentes de Alzheimer encolhem e morrem progressivamente. Esta morte das células neuronais ocorre primeiro nas regiões do cérebro responsáveis pela memória e pela linguagem, mas acaba por se estender a todo o cérebro. As redes neuronais dos doentes de Alzheimer são afectadas pela diminuição das concentrações cerebrais de acetilcolina, um neurotransmissor envolvido na sinalização intercelular, e por deficiências na produção de outros neurotransmissores, como a somatostatina, a serotonina e a norepinefrina [20].

Factores de risco da doença de Alzheimer:

• Idade, começa a subir a partir dos 65 anos para a maioria das pessoas

• História familiar, mas não afetada por história familiar de outras doenças neurodegenerativas

• Historial de depressão

• Género, as mulheres têm um início mais precoce da doença de Alzheimer do que os homens [21]

Cerca de 60-70% dos diabéticos apresentam formas ligeiras a graves de lesões no sistema nervoso [11]. A diabetes mellitus tipo 2 e a doença de Alzheimer estão ambas associadas ao aumento da idade, e cada uma delas aumenta o risco de desenvolvimento da outra. Os factores patogénicos comuns a ambas as doenças abrangem uma vasta gama, incluindo hiperglicemia crónica per se, hiperinsulinemia, resistência à insulina, episódios hipoglicémicos agudos, especialmente nos idosos, doença microvascular, depósitos fibrilares (no cérebro na doença de Alzheimer e no pâncreas na diabetes tipo 2), processamento alterado da insulina, inflamação, obesidade, dislipidemia, níveis alterados do fator de crescimento semelhante à insulina (IGF) e ocorrência de formas variantes da proteína butirilcolinesterase [22]. Ao considerar as ligações entre a DM 2 e a DA, é importante considerar a história natural que leva à DM 2. Existem muitos mecanismos subjacentes envolvidos [17].

De facto, a forma como o cérebro com doença de Alzheimer utiliza a insulina e consome os açúcares da glicose é tão semelhante ao processo da diabetes que a doença de Alzheimer tem sido designada por diabetes de tipo III. A maior parte do conhecimento científico diz-nos que a disfunção metabólica associada à diabetes, provavelmente em combinação com a inflamação associada, pode preparar o terreno para problemas metabólicos semelhantes no cérebro que mais tarde se manifestarão como Alzheimer [23].

Numerosos estudos epidemiológicos prospectivos exploraram a relação entre a diabetes e a doença de Alzheimer, e a maioria identificou a diabetes como um fator de risco para a doença de Alzheimer. Os estudos que avaliaram especificamente a incidência de demência em pessoas com diabetes mellitus, ajustando o controlo glicémico, as complicações microvasculares e a comorbilidade (por exemplo, hipertensão e acidente vascular cerebral), também demonstraram um risco acrescido; oito de 13 estudos de base populacional revelaram um risco acrescido de 50% a 100% de DA em adultos com diabetes. Numa meta-análise abrangente, com um total de 6184 pessoas com diabetes e 38530 sem diabetes, o risco relativo agregado de DA para pessoas com diabetes foi de 1,5 (intervalo de confiança de 95%) [17].

A patogénese associada entre as doenças diabética e de Alzheimer:

1) Beta-amiloide (Aβ):

A Aβ é derivada da proteína precursora amiloide (APP) por vias de processamento celular que envolvem a excisão da região Aβ pela ação sequencial das enzimas β-secretase e γ-secretase, possivelmente em compartimentos subcelulares distintos. A β-secretase cliva o ectodomínio da APP, resultando no desprendimento de APPsα e APPsβ (12 kDa). O fragmento de 12-KDa pode então sofrer clivagem pela γ-secretase no domínio transmembranar hidrofóbico na valina 710, alanina 712 ou treonina 713 para libertar os peptídeos Aβ de 40, 42 ou 43 resíduos [19], conforme ilustrado na Figura (4) [25].

A hipótese da cascata amiloide-beta (Aβ) da doença de Alzheimer dominou a investigação e o subsequente desenvolvimento de medicamentos terapêuticos durante mais de duas décadas. A Aβ está elevada em doentes com doença de Alzheimer e que a doença se caracteriza, em última análise, pela deposição central de placas senis insolúveis. No entanto, provas mais recentes sugerem que a presença ou ausência de placas é insuficiente para explicar totalmente o papel deletério da Aβ elevada na DA. Estes estudos apoiam a base para uma interpretação alternativa da hipótese da cascata Aβ. Os oligómeros solúveis de Aβ (ou seja, os ligandos difusíveis derivados do beta-amiloide (ADDL)) acumulam-se e causam défices funcionais antes da morte evidente das células neuronais [24].

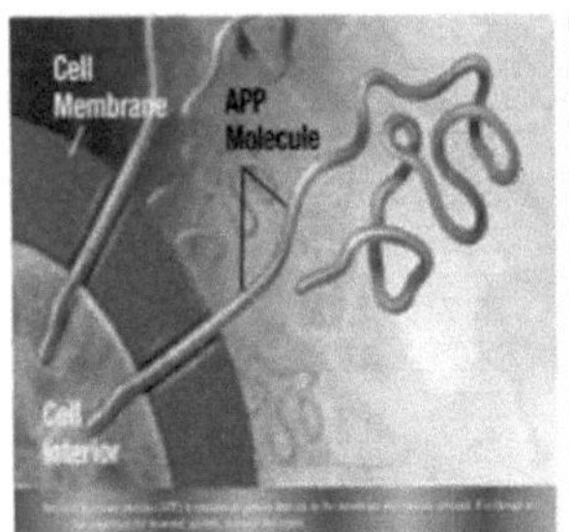

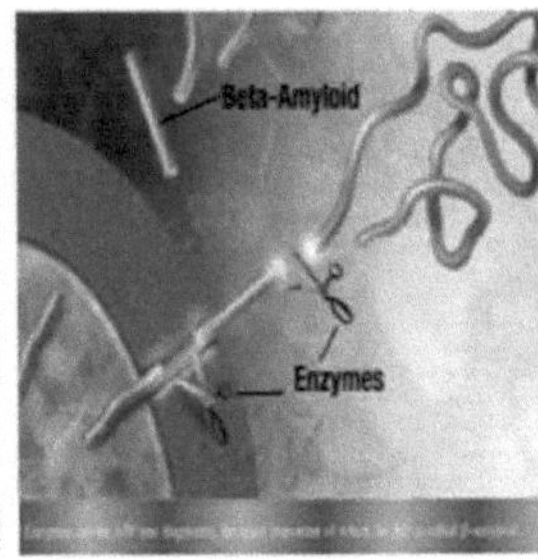

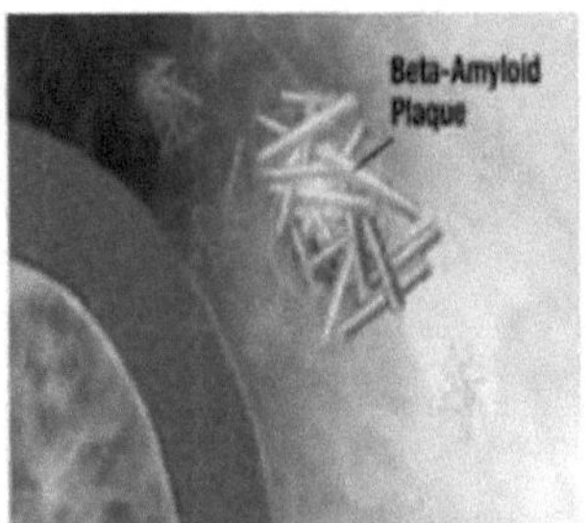

Figura (4): Formação da placa senil de amiloide beta (Aβ) [25].

2) Resistência e deficiência de insulina:

Um grande número de estudos demonstrou que a resistência e a deficiência de insulina, um marcador de DM 2, desempenham um papel importante na patologia da DA. Os oligómeros Aβ ligam-se aos neurónios do hipocampo e desencadeiam a remoção dos substratos dendríticos dos receptores de insulina (IRs) da membrana plasmática, o que foi subsequentemente demonstrado nos cérebros da DA. Foram observados níveis e sensibilidade mais baixos de insulina, IGF e IRs na neuropatologia da DA. No DM 2, a sinalização do fator de necrose tumoral alfa (TNF-α) ativa a c-Jun N-terminal quinase, resultando na fosforilação da serina dos IRs-1 e na resistência periférica à insulina. Do mesmo modo, os oligómeros Aβ causam uma ativação anormal da via TNF-o/c-Jun N-terminal quinase e a inibição de IRs-1 em neurónios do hipocampo em cultura. Recentemente, foi mesmo proposto que a DA pode ser um "estado cerebral resistente à insulina" ou mesmo uma "diabetes de tipo 3" [17].

3) Inflamação:

A inflamação faz parte dos mecanismos de defesa do organismo contra múltiplas ameaças, incluindo infecções e lesões. A inflamação é complexa e envolve tanto factores solúveis como células especializadas que são mobilizadas para neutralizar e combater as ameaças e restabelecer a fisiologia normal do organismo. A inflamação desempenha um papel fundamental na patogénese da doença de Alzheimer e das doenças metabólicas, incluindo a diabetes tipo 2. A presença de marcadores inflamatórios, incluindo níveis elevados de citocinas/quimiocinas e gliose (nomeadamente microgliose), caracteriza as regiões danificadas do cérebro da doença de Alzheimer. Uma meta-análise recente mostrou que as concentrações sanguíneas de vários mediadores inflamatórios, incluindo o TNF-α, a interleucina-6 (IL-6) e a IL-1β, estão aumentadas nos doentes com DA. O TNF-α está sobre-expresso no tecido adiposo de indivíduos obesos, causando resistência periférica à insulina [26].

4) Diabetes tipo 2 e doença vascular:

A DM está associada a um risco aumentado de doença coronária e AVC [27]. A resistência à insulina, o mecanismo subjacente à DM2, também tem sido associada a uma maior incidência e recorrência de AVC [28]. Dois mediadores patológicos chave do AVC observados na DM2 são a estenose intracraniana [29] e a aterosclerose carotídea [30]. A resistência à insulina tem sido associada a uma expressão elevada do inibidor do ativador do plasminogénio 1 [31], resultando numa diminuição da capacidade fibrinolítica e num aumento simultâneo da trombose devido, em parte, a um aumento da ativação plaquetária. Além disso, foi demonstrado que a resistência à insulina induz disfunção endotelial e inflamação, afectando negativamente a função vascular e iniciando a aterosclerose, respetivamente. Coletivamente, estes dados implicam que a resistência à insulina prejudica a função cerebrovascular normativa, resultando na ativação de vias que favorecem o aparecimento do AVC. O AVC pode, por sua vez, exacerbar e/ou iniciar o aparecimento de outra doença, como a doença de Alzheimer [32], como mostra a Figura (5) [33].

Fig.5

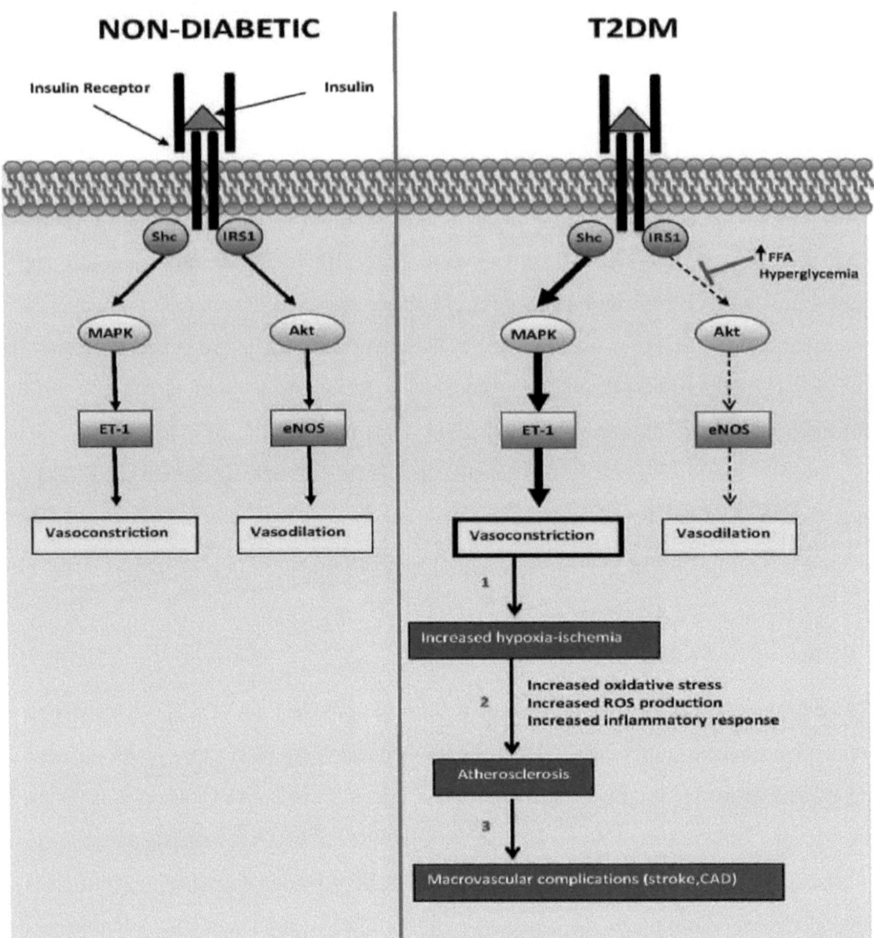

Figura (5): Vias que levam às complicações macrovasculares da diabetes mellitus tipo 2 (DM 2). Em indivíduos não diabéticos (à esquerda), a ativação do recetor de insulina pode resultar na ativação tanto da vasodilatação como da vasoconstrição. Em condições normais, existe um equilíbrio de ambos os processos para regular as necessidades metabólicas imediatas de vários tecidos. Nos doentes diabéticos de tipo 2 (à direita), foi demonstrado que factores como o aumento dos ácidos gordos livres e a hiperglicemia inibem especificamente a via da Akt, enquanto a via da MAPK não é afetada. Isto leva a um desequilíbrio na regulação homeostática da função vascular e da hemodinâmica. A consequente diminuição da disponibilidade de nutrientes para os tecidos afectados resulta num aumento do stress oxidativo e da produção de ROS e num aumento da resposta inflamatória. A libertação de citocinas pró-inflamatórias e o recrutamento de macrófagos instigam o início da aterosclerose, conduzindo, em última análise, a complicações macrovasculares [33].

5) Stress oxidativo na diabetes e na doença de Alzheimer:

O stress oxidativo desempenha um papel importante na diabetes, bem como na doença de Alzheimer e noutras doenças neurológicas conexas [34], como ilustrado na Figura (6) [35]. Os antioxidantes e os inibidores dos produtos finais de glicação avançada, quer induzidos endogenamente quer introduzidos exogenamente, podem contrariar os efeitos deletérios das espécies reactivas de oxigénio/azoto e, assim, nos paradigmas de prevenção ou tratamento, atenuar ou atrasar substancialmente o aparecimento destas patologias devastadoras [34].

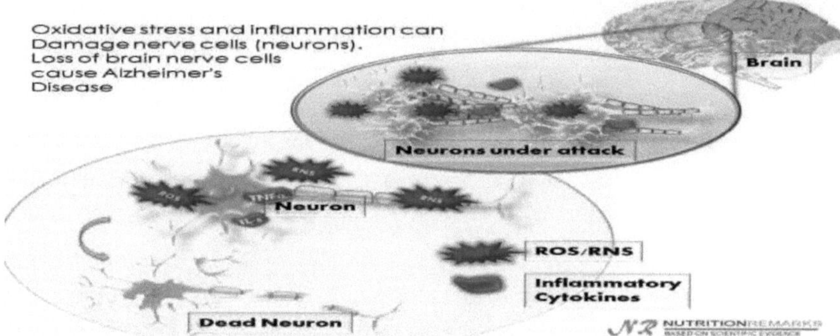

Figura (6): Efeito do stress oxidativo e da inflamação nas células nervosas [35].

<u>Objetivo do trabalho</u>

O objetivo do presente estudo é:

1)   Estudar a associação bidirecional entre a diabetes mellitus tipo 2 e as condições com ela relacionadas (obesidade, hiperinsulinemia e síndrome metabólica) e a patogénese da doença de Alzheimer, que foi monitorizada pelo estado glicémico, pela medição da CK total e da LDH.

2)   Avaliar a possibilidade de depender da beta amiloide como marcador bioquímico da diabetes de tipo 2 em doentes de Alzheimer.

3)   Identificar anomalias celulares comuns à DM2 e à DA que possam conduzir ao desenvolvimento de terapias para a DM2 e a DA que possam também ajudar a prevenir o desenvolvimento subsequente da DA e da DM2, respetivamente, em indivíduos geneticamente predispostos.

Sujeitos e métodos

As amostras de sangue foram recolhidas dos doentes que sofriam de DM tipo 2, Alzheimer e ambos. Foram examinados os seguintes parâmetros:

1) Glicose no sangue em jejum (FBG)

2) Hemoglobina glicada (HbAic %)

3) Insulina sérica

4) Perfil lipídico (colesterol total sérico, triglicéridos (TGs), colesterol HDL e colesterol LDL)

5) Amiloide plasmático beta 40 (Aβ40) e Amiloide beta 42 (Aβ42)

6) Proteína C-reactiva (PCR) plasmática

7) Creatina quinase total (CK) plasmática

8) Desidrogenase láctica (LDH) total no plasma

9) D-dímero plasmático

10) Magnésio plasmático

I. Temas

Este estudo consistiu em 60 indivíduos, incluindo homens (n = 20) com idades compreendidas entre os 48 e os 83 anos e mulheres (n = 40) com idades compreendidas entre os 47 e os 94 anos, classificados nos 3 grupos seguintes:

Grupo I: Vinte doentes diabéticos de tipo 2 previamente diagnosticados. A sua idade varia entre 47-75 anos, com uma idade média de 52,5 (48,3-55,8) anos.

Grupo II: Vinte doentes com diagnóstico prévio de doença de Alzheimer. A sua idade variava entre 4 e 88 anos, com uma idade média de 54 (48-81) anos.

Grupo III: Vinte doentes previamente diagnosticados como diabéticos de tipo 2 e doentes com doença de Alzheimer. A sua idade varia entre 49 e 94 anos, com uma idade média de 76 (67-81,5) anos.

** Um diagrama ilustrado dos sujeitos que participam neste estudo:*

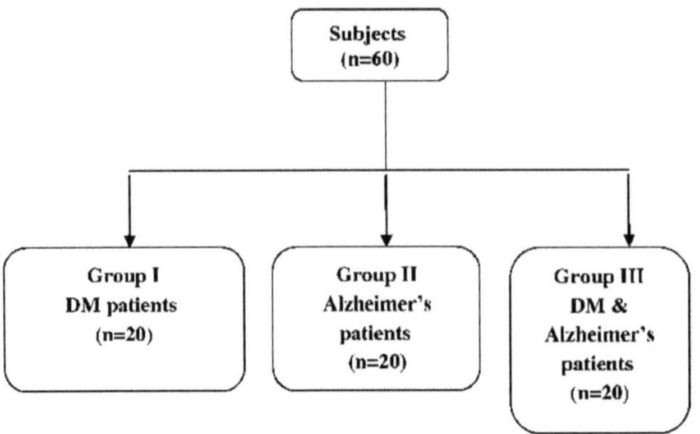

* Todos os doentes diabéticos de tipo 2 satisfaziam os critérios da Associação Americana de Diabetes (ADA) para a diabetes de tipo 2 [36]. Todos os doentes foram recrutados na clínica de doentes externos de um hospital terciário, KSA.

*** Foram obtidas as seguintes informações clínicas de todos os participantes:**

A história completa, incluindo idade, sexo, peso, altura, duração da diabetes e tratamentos medicamentosos, foi registada para todos os indivíduos. O índice de massa corporal (IMC) foi calculado como um índice do peso em quilogramas dividido pelo quadrado da altura em metros [37]. Os grupos estudados não diferiam em relação à distribuição por idade e género. Foi obtido o consentimento informado por escrito dos sujeitos e este estudo foi aprovado pelo Comité de Ética de um hospital terciário, KSA.

*** Critérios de inclusão**

1) Doentes diabéticos de tipo 2.

2) Doentes de Alzheimer.

3) Doentes diabéticos de tipo 2 e doentes de Alzheimer.

4) Idade (superior a 40 anos) de ambos os sexos.

- Critérios de exclusão

Quaisquer outras perturbações relacionadas com demência, doenças hepáticas crónicas, doenças cardíacas, doenças das artérias coronárias (DAC), hipertensão, doenças malignas, doenças auto-imunes, renais, ósseas e musculares, quaisquer doenças inflamatórias agudas ou crónicas e doentes que tomem quaisquer medicamentos.

II. Amostras

Todos os indivíduos foram aconselhados a não tomar qualquer medicação antes da recolha de amostras de sangue. As amostras de sangue em jejum foram colhidas de manhã. O sangue (5-10 mL) foi obtido da veia antecubital, após um período de jejum noturno (10-12 horas).

- As amostras de sangue foram divididas em três partes:

- A primeira parte foi recolhida em tubos contendo Na2-EDTA (concentração final de 1 mg/mL), 1 ml para a determinação da HbA1c% e a parte restante para a separação do plasma por centrifugação a 1500 rpm durante 15 min., o plasma foi utilizado para o ensaio de Aβ40, Aβ42, PCR, CK total, LDH total, D-dímero e magnésio.

- A segunda parte foi colocada em tubos de vacutainer coagulados, onde os soros foram obtidos por centrifugação durante 30 min. a 4000 rpm a 4^0 C durante 25 min., as alíquotas foram utilizadas para medir a insulina, o colesterol total, os triglicéridos (TGs), o colesterol HDL e o colesterol LDL.

- A terceira parte foi adicionada a tubos contendo florido de sódio, onde o plasma separado foi utilizado para a determinação do FBG.

- *Um esquema resumido do trabalho efectuado é ilustrado no diagrama seguinte:*

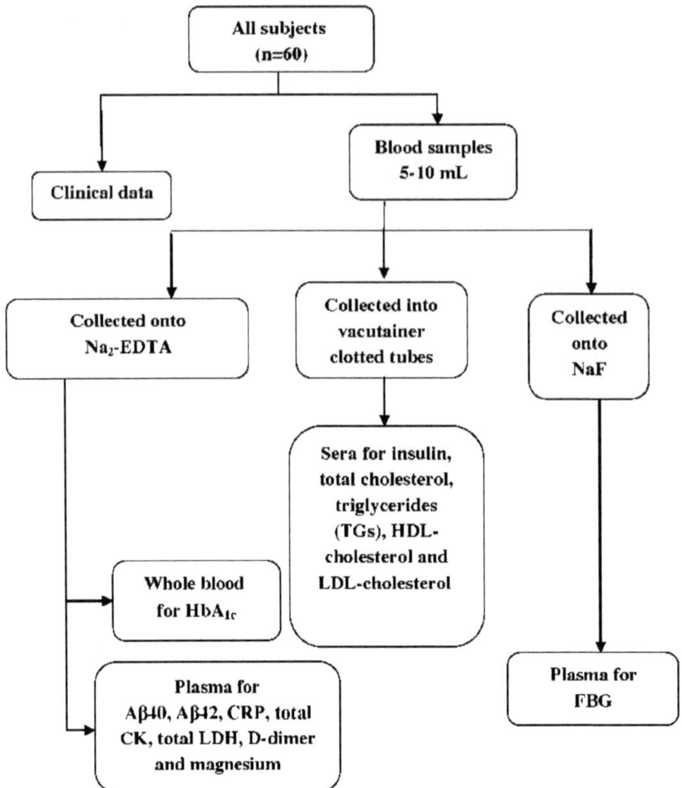

III. Métodos

1) Medição da glucose no sangue em jejum (FBG):

A glucose plasmática em jejum foi determinada por método enzimático colorimétrico, utilizando um kit fornecido pela Human Diagnostica Liquicolor Test (Alemanha), de acordo com o método de Trinder [38]. (Espectrofotómetro Shimadzu 2401UV/Visível, Japão).

2) Determinação da hemoglobina glicada (HbA1c):

A hemoglobina glicada foi medida cromatograficamente e colorimetricamente no sangue total, utilizando um kit obtido da BioSystems (Espanha), de acordo com o método de Roberts et al. [39].

3) Determinação da insulina sérica:

A insulina sérica foi medida quantitativamente por ensaio imunoenzimático (ELISA) utilizando um kit fornecido pela Biosource (Europa) de acordo com o método de Temple et al. [40]. (instrumento ELISA de Shenzhen, China).

4) Determinação do perfil lipídico:

A concentração sérica de triglicéridos (TGs) foi determinada colorimetricamente de acordo com o método de Fossati e Prencipe [41], utilizando um kit de reagentes adquirido à Reactivos Spinreact Company (Espanha). A concentração sérica de colesterol total foi estimada colorimetricamente de acordo com o método de Deeg e Ziegenohrm [42] e a concentração sérica de HDL-colesterol foi medida colorimetricamente de acordo com o método de Burstein et al. [43], utilizando kits de reagentes adquiridos à Spinreact Company (Espanha). O nível sérico de LDL-colesterol foi calculado de acordo com a fórmula de Friedewald et al. [44] (LDL-colesterol = colesterol total - triglicéridos/5 - HDL-colesterol).

5) Medição da amiloide beta 40 e da amiloide beta 42 plasmáticas (Aβ40 &Aβ42):

O Aβ40 plasmático foi medido quantitativamente de acordo com o método de Galasko [45] e o Aβ42 plasmático foi estimado quantitativamente de acordo com o método de Thakker et al. [46] por ELISA, utilizando kits fornecidos pela DRG International, Inc. (EUA).

6) Determinação da proteína C - reactiva (PCR) plasmática:

A PCR plasmática foi medida quantitativamente por ELISA, utilizando um kit fornecido pela R&D Systems, Inc. (EUA), de acordo com o método de Clearfield [47].

7) Determinação da creatina quinase total (CK) plasmática:

A CK total no plasma foi medida quantitativamente por ELISA, utilizando um kit produzido pela Abbott Diagnostics (EUA), de acordo com o método de Franck et al. [48].

8) Determinação da desidrogenase láctica total (LDH) no plasma:

A LDH total do plasma foi medida quantitativamente por ELISA, utilizando um kit adquirido pela USCN Business Co., Ltd. (Wuhan), de acordo com o método de Tang et al. [49].

9) Determinação do D-dímero plasmático:

O D-dímero plasmático foi medido quantitativamente por ELISA, utilizando um kit fornecido pela USCN Business Co., Ltd. (Wuhan), de acordo com o método de Nishank et al. [50].

10) Determinação do magnésio plasmático:

O magnésio plasmático foi determinado por método colorimétrico, utilizando um kit fornecido pela Human Diagnostica Liquicolor Test (Alemanha), de acordo com o método de Mann e Yoe [51].

Processamento de dados e análise estatística

1) Programa utilizado:

Os resultados foram recolhidos e tabulados. Estes dados registados foram analisados utilizando o programa informático Statistical Package for the Social Science (SPSS) (V. 21.0, IBM Corp., EUA).

2) Análise estatística:

O teste de Kolmogrov Smironov foi realizado para avaliar a distribuição das variáveis. Os dados foram expressos como média ± desvio-padrão (DP) para medidas quantitativas paramétricas, além de mediana (intervalo de percentis) para medidas quantitativas não paramétricas. Os diferentes grupos foram comparados por análise de variância (ANOVA) seguida de post hoc de Bonferroni para comparar grupos individuais para dados paramétricos. O teste de Kruskall Wallis foi utilizado para comparar os diferentes grupos, seguido do teste de Wilcoxon Rank Sum para comparar os grupos individuais para os dados não paramétricos. Além disso, as correlações entre os diferentes parâmetros foram avaliadas através da correlação de Pearson (r) para os dados paramétricos e da correlação de Ranked Sperman (r) para os dados não paramétricos. Além disso, foram aplicadas análises de regressão linear múltipla por etapas para estudar a associação entre diferentes parâmetros ajustados para o efeito de outras covariáveis e também para determinar qual o parâmetro bioquímico mais discriminativo. Os valores de p $\leq$0,05 foram considerados significativos.

Resultados

* Os resultados do presente trabalho são apresentados em **8** tabelas e **4** figuras.

1. Dados clínicos

As caraterísticas demográficas dos grupos estudados são apresentadas na Tabela (1). Os grupos estudados não diferiram no que respeita à distribuição por idade e sexo.

a. Idade:

O grupo de diabéticos tipo 2 e de doentes de Alzheimer (III) registou um aumento significativo da idade em comparação com o grupo de diabéticos (I) e o grupo de doentes de Alzheimer (II). Enquanto que não se registou uma diferença significativa na idade entre os grupos de diabéticos e de doentes de Alzheimer (I) e (II).

b. Índice de massa corporal (IMC) :

O índice de obesidade; os níveis de IMC (média $\pm$ DP) nos grupos II e III foram $31,5 \pm 3,9$ e $31,6 \pm 3,5$ Kg/m^2, respetivamente. Estes níveis eram significativamente mais elevados do que os do grupo de diabéticos de tipo 2 (I) ($29,1 \pm 2,9$Kg/m2). No entanto, não se registou uma diferença estatisticamente significativa no índice de obesidade entre os grupos (II) e (III).

c. Duração da diabetes:

Os doentes diabéticos e com doença de Alzheimer (grupo III) apresentaram uma duração significativamente longa da diabetes [19 (10-21,5) anos] em comparação com o grupo diabético (I) [9 (6-17) anos].

Tabela (1): Caraterísticas demográficas dos doentes diabéticos (grupo I), doentes com doença de Alzheimer (grupo II) e doentes diabéticos e com doença de Alzheimer (grupo III).

Grupos \ Clínica parâmetros	Grupo (I)	Grupo (II)	Grupo (III)
N	20	20	20
Género -Masculino - Feminino	7 (35) 13 (65)	6 (30) 14 (70)	7 (35) 13 (65)
Idade (anos)	52.5 (48.3-55.8)	54 (48-81)	76 (67-81,5)[a,b]**
IMC (kg/m^2)	29.1 ± 2.9	31.5 ± 3.9[a]*	31.6 ± 3.5[a]*
Duração da DM (anos)	9 (6-17)	Nulo	19 (10-21.5)[a]**

Os resultados são expressos em número (percentagem), média± SD e mediana (intervalo de percentis).

N: Número de indivíduos, IMC: Índice de massa corporal.

a: Diferença significativa em relação ao grupo diabético (I).

b: Diferença significativa em relação ao grupo com doença de Alzheimer (II).

(*): p< 0,05.

(**): p< 0,01.

2. Medidas para diabéticos:

Os marcadores diabéticos medidos foram o FBG, a HbA1c% e a insulina. Os dados apresentados na Tabela (2) revelaram que os níveis de FBG, HbA1c% e insulina estavam significativamente aumentados nos doentes diabéticos de tipo 2 e doentes de Alzheimer (grupo III) em comparação com os doentes diabéticos (grupo I) e doentes de Alzheimer (grupo II). Por outro lado, os níveis de insulina, como se mostra na Figura (7), e de HbA1c%

diminuíram significativamente nos doentes de Alzheimer em comparação com os doentes diabéticos de tipo 2.

26

Tabela (2): Marcadores diabéticos de pacientes diabéticos (grupo I), pacientes com Alzheimer (grupo II) e pacientes diabéticos e com Alzheimer (grupo III).

Grupos / Parâmetros	Grupo (I)	Grupo (II)	Grupo (III)
FBG (mmol/L)	8.4 ± 1.6	5 ± 0.8	$20,5 \pm 5^{a,b**}$
HbAlc (%)	8.4 ± 1.4	$5.7 \pm 0.8^{a**}$	$11,2 \pm 2,7^{a,b**}$
Insulina (µIU/mL)	26.4 ± 6.8	$9.5 \pm 2^{a**}$	$76,3 \pm 19^{a,b**}$

Os resultados são expressos em média ± DP.

a: Diferença significativa em relação ao grupo diabético (I).

b: Diferença significativa em relação ao grupo de Alzheimer (II). (**): P< 0.01.

Resultados

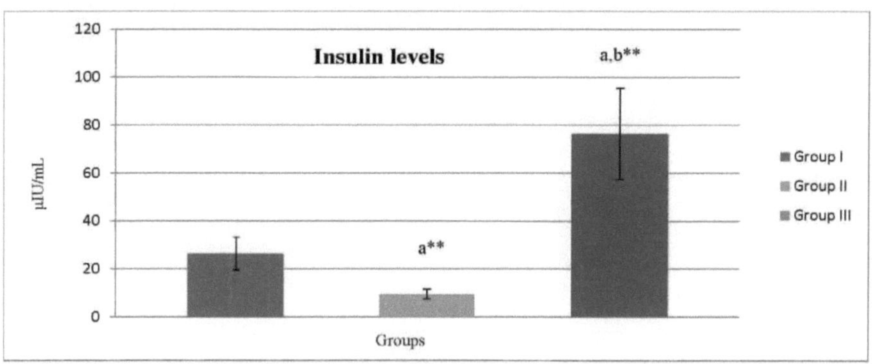

Figura (7): Níveis de insulina no grupo diabético (I), no grupo de Alzheimer (II) e no grupo diabético e de Alzheimer (III) (média± SD). a: Diferença significativa em relação ao grupo diabético (I), b: Diferença significativa em relação ao grupo de Alzheimer (II), (**): P<0.01.

3. Testes do perfil lipídico:

Os testes do perfil lipídico monitorizados foram o colesterol total, os triglicéridos, o colesterol HDL e o colesterol LDL. As médias calculadas ± DP do colesterol total e do colesterol LDL no grupo diabético e de Alzheimer (III) mostraram um aumento significativo em comparação com o grupo diabético de tipo 2 (I) e o grupo de Alzheimer (II), como se mostra na Tabela

(3). Entretanto, registou-se um aumento significativo dos níveis de triglicéridos nos grupos (II) e (III) em comparação com os doentes diabéticos de tipo 2. Por outro lado, o nível de colesterol HDL nos doentes diabéticos e com doença de Alzheimer (grupo III) registou uma diminuição significativa em comparação com o grupo (II).

Tabela (3): Testes do perfil lipídico de pacientes diabéticos (grupo I), pacientes com Alzheimer (grupo II) e pacientes diabéticos e com Alzheimer (grupo III).

Grupos / Parâmetros	Grupo (I)	Grupo (II)	Grupo (III)
Colesterol total (mmol/L)	14.1 ± 2.7	11 ± 0.9^{a}	$18 \pm 1,3^{a,b**}$
Triglicéridos (mmol/L)	5 ± 1	$6.8 \pm 0.6^{a*}$	$7.6 \pm 1.5^{a**}$
Colesterol HDL (mmol/L)	1 ± 0.2	2.9 ± 0.5^{a}	$0.9 \pm 0.2^{b**}$
Colesterol LDL (mmol/L)	8 ± 1.8	$6.7 \pm 0.9^{a*}$	$11,8 \pm 1,5^{a,b**}$

Os resultados são expressos em média$\pm$ SD.

a: Diferença significativa em relação ao grupo diabético (I).

b: Diferença significativa em relação ao grupo com doença de Alzheimer (II).

(*): $P< 0.05$.

(**): $P< 0.01$.

4. Níveis de amiloide β40 e β42 (Aβ40 e Aβ42):

A Tabela (4) mostrou que os níveis de Aβ40 e Aβ42 foram significativamente elevados no grupo diabético e de Alzheimer (III) em comparação com o grupo diabético de tipo 2 (I) (em 50,5 e 7,5 vezes, respetivamente) e o grupo de Alzheimer (II) (em 25,4 e 2,8 vezes, respetivamente). No grupo II, os níveis de Aβ40 e Aβ42 aumentaram significativamente para 2 e 2,7 vezes, respetivamente, em comparação com o grupo de diabéticos de tipo 2 (I), conforme ilustrado na Figura (8).

5. Níveis de proteína C-reactiva (PCR):

Os níveis de PCR apresentados na Tabela (4) mostraram um aumento significativo no grupo diabético e de Alzheimer (III) em comparação com ambos os grupos (I) e (II). No entanto, não se registou uma diferença significativa nos níveis de PCR entre o grupo de diabéticos de tipo 2 (I) e o grupo de Alzheimer (II).

6. **<u>Níveis totais de creatina quinase (CK) e de laetatce desidrogenase (LDH):</u>**

Os dados compilados na Tabela (4) revelaram que os níveis de CK total e LDH no grupo (III) estavam significativamente aumentados em comparação com o grupo de diabéticos tipo 2 (I). Para além disso, houve uma diferença significativa no nível de CK total entre os grupos (II) e (III). Por outro lado, o nível total de CK estava significativamente elevado nos doentes com doença de Alzheimer em comparação com os doentes diabéticos de tipo 2.

7. **<u>Níveis de D-dímero:</u>**

Os doentes diabéticos e com doença de Alzheimer apresentaram um aumento significativo do nível de D-dímero em comparação com ambos os grupos (I) e (II). Além disso, registou-se uma elevação significativa do nível deste marcador no grupo de doentes de Alzheimer em comparação com o grupo de diabéticos de tipo 2.

8. **<u>Níveis de magnésio:</u>**

Os dados reunidos na Tabela (4) mostraram que a mediana (intervalo de percentis) do magnésio nos doentes diabéticos e com Alzheimer (grupo III) estava significativamente diminuída em comparação com os grupos (I) e (II). Por outro lado, não houve uma diferença significativa no nível de magnésio no grupo de Alzheimer (II) em relação ao grupo de diabéticos tipo 2 (I).

Tabela (4): Aβ40, Aβ42, PCR, CK total, LDH, D-dímero e magnésio de pacientes diabéticos (grupo I), pacientes com Alzheimer (grupo II) e pacientes diabéticos e com Alzheimer (grupo III).

Grupos / Parâmetros	Grupo (I)	Grupo (II)	Grupo (III)
Aβ40 (pg/mL)	136.5 (115-176.8)	272 (250-290)[a**]	6900 (6360-7000)[a,b**]
Aβ42 (pg/mL)	27.5 (15.5-44.8)	73 (70-84)[a**]	206.5 (193.3-232.5)[a,b**]
PCR (mg/L)	7.5 ± 1.5	39.2 ± 9	$124,3 \pm 30$[a,b**]
CK total (U/L)	95.1 (90.5-114.5)	190.2 (180.9-229)[a**]	416 (247-534.8)[a,b**]
LDH total (U/L)	257 ± 20.7	275.5 ± 62.2	320.7 ± 80[a**]
D-dímero (mg/L)	3.3 (3.1-4)	4 (3.5-11.3)[a**]	13.9 (6.3-19.3)[a,b**]
Magnésio (mmol/L)	0.11 (0.09-0.61)	0.3 (0.08-0.84)	0.06 (0,05-0,56)[a,b**]

Os resultados são expressos como média± SD e mediana (intervalo de percentis). a: Diferença significativa em relação ao grupo diabético (I).

b: Diferença significativa em relação ao grupo de Alzheimer (II). (*): $p < 0,05$.

(**): $p < 0,01$.

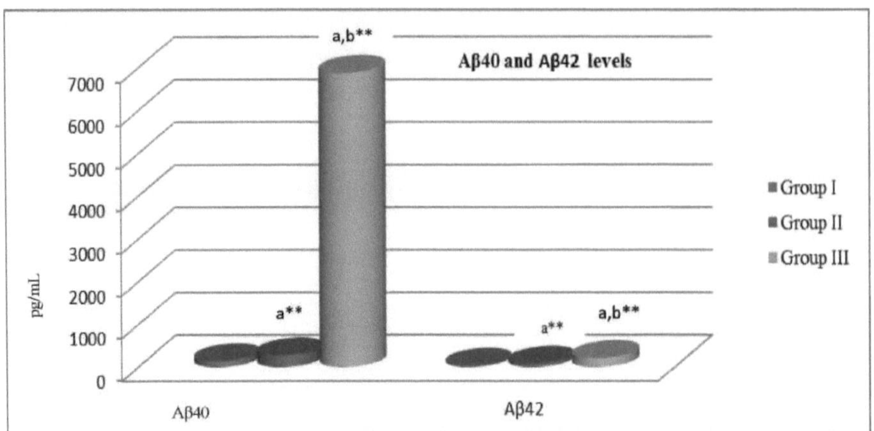

Figura (8): Níveis de Aβ40 e Aβ42 no grupo diabético (I), no grupo de Alzheimer (II) e no grupo diabético e de Alzheimer (III) (mediana). a: Diferença significativa em relação ao grupo diabético (I), b: Diferença significativa em relação ao grupo de Alzheimer (II), (**): P<0.01.

*** Correlação entre os parâmetros investigados nos diferentes grupos estudados:**

1. Correlações entre as caraterísticas demográficas e os diferentes parâmetros investigados nos grupos de diabéticos, doentes de Alzheimer e diabéticos e doentes de Alzheimer (I, II e III):

Foram detectadas correlações positivas e significativas entre a idade, o IMC e a duração da DM e a HbA1c, a insulina, o colesterol total, o colesterol LDL, a Aβ40 e a Aβ42. Para além disso, houve correlações positivas e significativas entre a idade ou a duração da DM e a PCR, a CK total e o D-diner. No entanto, o magnésio apresentou uma correlação negativa, mas significativa, com a idade e a duração da DM nos grupos I, II e III, como se mostra na Tabela (5).

Tabela (5): Correlações entre as caraterísticas demográficas e os diferentes parâmetros investigados nos grupos de diabéticos, doentes de Alzheimer e diabéticos e doentes de Alzheimer (I, II e III).

Parâmetros / Caraterísticas.	HbAlc (%)	Insulina (µIU/ mL)	Esterol total do cólon (mmo l/L)	LDL-colesterol (mmo l/L)	Aβ40 (pg/m L)	Aβ42 (pg/m L)	CPR (mg/L)	CK total (U/L)	LDH total (U/L)	D-dímero (mg/L)	Mg (mmol/ L)
Idade (anos)	0.28^*	0.37^{**}	0.36^{**}	0.32^*	0.43^{**}	0.45^{**}	0.51^{**}	0.39^{**}	0.12	0.28^*	-0.31^*
Duração da DM (anos)	0.72^{**}	0.85^{**}	0.69^{**}	0.64^{**}	0.29^*	0.26^*	0.27^*	0.36^{**}	0.13	0.26^*	-0.61^{**}
IMC (Kg/m²)	0.38^{**}	0.33^*	0.5^{**}	0.53^{**}	0.26^*	0.3^*	0.16	0.11	0.08	0.23	-0.12

Os resultados são expressos em coeficientes de correlação (r). (*): p< 0,05.

(**): p< 0,01.

2. Correlações entre cada um dos marcadores diabéticos e perfil lipídico e os diferentes parâmetros investigados nos grupos diabético, Alzheimer e diabético e Alzheimer (I, II e III):

Foram monitorizadas correlações positivas e significativas entre a insulina e Aβ40 [conforme ilustrado na Figura (9)], Aβ42, PCR, CK total e D-dímero. Entretanto, a HbAlc e o perfil lipídico (colesterol total, triglicéridos e colesterol LDL) foram positivamente correlacionados de forma significativa com Aβ40, Aβ42, PCR e CK total. Registou-se uma correlação positiva significativa entre a HbAlc e a LDH total. Além disso, foram detectadas correlações positivas significativas entre o colesterol total ou o colesterol LDL e o dímero D.

No entanto, as correlações entre o magnésio e a HbAlc, a insulina, o colesterol total e o colesterol LDL foram negativas mas significativas nos grupos (I, II e III), como se mostra na Tabela (6). Conforme ilustrado na Figura (10), foi determinada uma correlação positiva e significativa entre a HbAlc e o colesterol total.

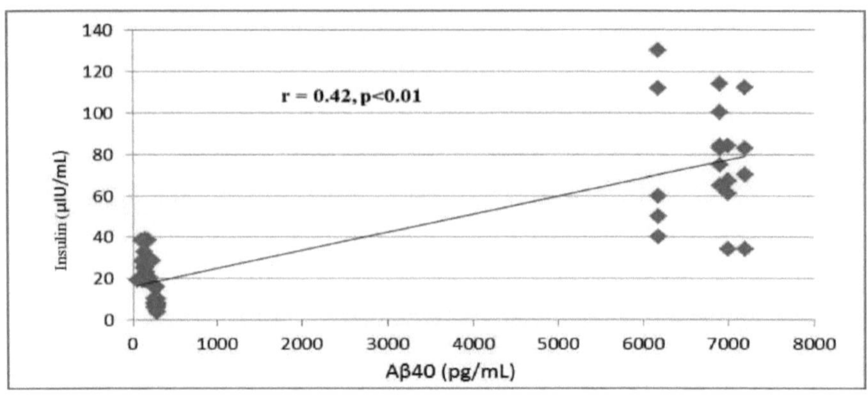

Figura (9): Correlação entre Aβ40 e insulina nos grupos diabético, Alzheimer e diabético & Alzheimer (I, II e III). (r): Coeficiente de correlação.

Tabela (6): Correlações entre cada um dos marcadores diabéticos e perfil lipídico e diferentes parâmetros investigados nos grupos de diabéticos, doentes de Alzheimer e diabéticos e doentes de Alzheimer (I, II e III).

Diabético \ Parâmetros e perfil lipídico	Aβ40 (pg/mL)	Aβ42 (pg/mL)	PCR (mg/L)	CK total (U/L)	LDH total (U/L)	D-diner (Mg/L)	Mg (mmol/L)
HbA1c (%)	0.33^*	0.31^*	0.58^{**}	0.37^{**}	0.35^{**}	0.15	-0.5^{**}
Insulina (μIl7nιL)	0.42^*	0.41^*	0.5^{**}	0.5^{**}	0.2	0.31^*	-0.6^{**}
Colesterol total (mmol/L)	0.47^*	0.43^*	0.47^{**}	0.5^{**}	0.2	0.38^*	-0.57^{**}
Triglicéridos (mmol/L)	0.31^*	0.35^*	0.36^{**}	0.33^{**}	0.24	0.13	-0.2
Colesterol LDL (mmol/L)	0.52^*	0.51^*	0.59^{**}	0.59^{**}	0.13	0.3^*	-0.58^{**}

Os resultados são expressos em coeficientes de correlação (r). (*): $p < 0,05$.

(**): $p < 0,01$.

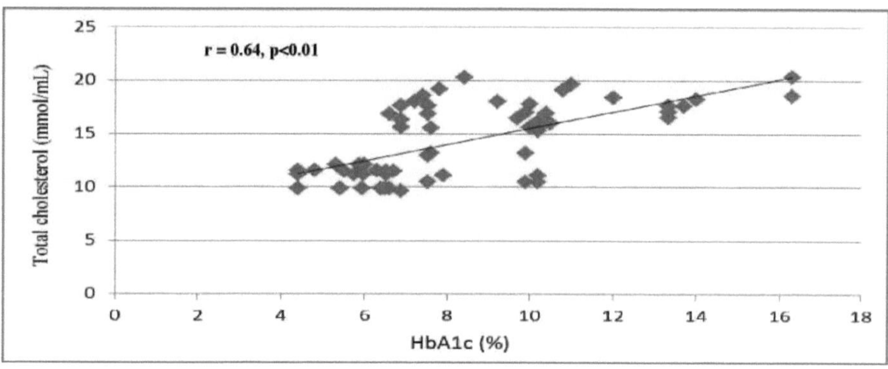

Figura (10): Correlação entre HbA1c e colesterol total nos grupos diabético, Alzheimer e diabético & Alzheimer (I, II & III). (r): Coeficiente de correlação.

3. Correlações entre cada um dos valores de $A\beta_{40}$ e $A\beta_{42}$ e os diferentes parâmetros investigados nos grupos de diabéticos, doentes de Alzheimer e diabéticos e doentes de Alzheimer (I, II e III).

Foram registadas correlações positivas e significativas de cada um dos $A\beta_{40}$ & $A\beta_{42}$ com a PCR, a CK total e o D-dímero nos grupos (I, II e III), conforme apresentado na Tabela (7). No entanto, registaram-se correlações negativas significativas entre o magnésio e cada um dos $A\beta_{40}$ e $A\beta_{42}$.

Tabela (7): Correlações entre cada um dos valores de Aβ40, Aβ42 e diferentes parâmetros investigados nos grupos de diabéticos, doentes de Alzheimer e diabéticos e doentes de Alzheimer (I, II e III).

Parâmetros Aβ40 e Aβ42	PRC (mg/L)	CK total (U/L)	LDH total (U/L)	D-dímero (mg/L)	Mg (mmol/L)
Aβ40 (pg\ mL)	0.78**	0.87**	0.23	0.45**	- 0.66**
Aβ42 (pg\ mL)	0.77**	0.84**	0.2	0.41**	- 0.63**

Os resultados são expressos em coeficientes de correlação (r). (**): P<0.01.

Além disso, na análise de regressão linear múltipla por etapas, utilizando Aβ40 como variável dependente e outros parâmetros investigados como variáveis independentes, apenas a duração da DM ($\beta = 0{,}14$, P< 0,01), o colesterol HDL ($\beta = - 0{,}15$, P< 0,01) e Aβ42 ($\beta = 0{,}83$, P< 0,01) permaneceram significativamente associados a Aβ40, conforme registado na Tabela (8).

Na análise de regressão linear múltipla stepwise, usando Aβ42 como variável dependente e outros parâmetros investigados como variáveis independentes, apenas a duração do DM ($\beta = 0{,}11$, P< 0,05), HDL-colesterol ($\beta = - 0{,}17$, P< 0,01) e Aβ40 ($\beta = 1{,}11$, P< 0,01) permaneceram significativamente associados a Aβ42.

Além disso, na análise de regressão linear múltipla stepwise, utilizando a PCR como variável dependente e outros parâmetros investigados como variáveis independentes, apenas a Aβ40 ($\beta = 1{,}1$, p< 0,01) e a CK total ($\beta = 0{,}46$, P< 0,01) permaneceram significativamente associadas à PCR.

Além disso, na análise de regressão múltipla stepwise, utilizando a HbA1c como variável dependente e outros parâmetros investigados como variáveis independentes, apenas o HDL-colesterol ($\beta = - 0{,}65$, P< 0,01) e a PCR ($\beta = 0{,}42$, P< 0,01) permaneceram significativamente associados à HbA1c.

Entretanto, na análise de regressão linear múltipla stepwise usando a insulina como variável dependente e outros parâmetros investigados como variáveis independentes, apenas a duração do DM ($\beta = 0{,}32$, P< 0,01) e Aβ40 ($\beta = 0{,}62$, P< 0,01) permaneceram associados à insulina .

Por fim, na análise de regressão linear múltipla por etapas, utilizando o colesterol total e o colesterol LDL como variável dependente e outros parâmetros investigados como variáveis independentes, apenas o Aβ40 [(β = 0,76, P< 0,01), (β = 0,8, P< 0,01)] permaneceu associado ao colesterol total e ao colesterol LDL, respetivamente.

Tabela (8): Regressão linear múltipla stepwise usando Aβ40, Aβ42, PCR, HbA1c, insulina, colesterol total e LDL-colesterol como variáveis dependentes e outros parâmetros investigados como variáveis independentes nos grupos diabético, Alzheimer e diabético & Alzheimer (I, II e III).

Variáveis independentes / Variáveis dependentes	Duração da DM (anos)	Colesterol HDL (mmol/L)	PRC (mg/L)	Aβ40 (pg/mL)	Aβ42 (pg/mL)	CK total (U/L)
Aβ40 (pg/mL)	o.14**	- 0.15**	Nulo	Nulo	0.83**	Nulo
Aβ42 (pg/mL)	o.11*	- 0.17**	Nulo	1.11**	Nulo	Nulo
PCR (mg/L)	Nulo	Nulo	Nulo	1.1**	Nulo	0.46**
HbAlc (%)	Nulo	- 0.65**	0.42**	Nulo	Nulo	Nulo
Insulina (μIU/mL)	0.32**	Nulo	Nulo	0.62**	Nulo	Nulo
Colesterol total (mmol/L)	Nulo	Nulo	Nulo	0.76**	Nulo	Nulo
Colesterol LDL (mmol/L)	Nulo	Nulo	Nulo	0.8**	Nulo	Nulo

Os resultados são expressos como coeficientes padronizados (β). (*): P< 0,05.

(**): P< 0.01.

Discussão

O presente trabalho foi concebido para investigar a associação bidirecional entre a diabetes mellitus tipo 2 e a patogénese da doença de Alzheimer. Estudos epidemiológicos recentes demonstram que os indivíduos com diabetes tipo 2 têm 2 a 4 vezes mais probabilidades de desenvolver a doença de Alzheimer. Além disso, os indivíduos com níveis elevados de glicose no sangue correm um risco acrescido de desenvolver a doença de Alzheimer [52] e têm também uma conversão mais rápida de défice cognitivo ligeiro (MCI) para DA, o que sugere que a perturbação da homeostase da glicose pode desempenhar um papel mais causal na patogénese da DA [53].

A hemoglobina glicada foi recentemente recomendada para o diagnóstico de DM2 pelas principais organizações de diabetes e pela Organização Mundial de Saúde (OMS) [54]. É um teste atrativo, uma vez que mede a hiperglicemia crónica, em vez dos níveis instantâneos de glicose no sangue para monitorizar os doentes diabéticos e determinar as decisões de gestão importantes, como o início da terapêutica com insulina [55]. A força da sua relação com as complicações relacionadas com a diabetes foi demonstrada em análises dos dados de Tapp et al [56] e Mohan et al [57], que referiram que os níveis de HbA_{1c} % estavam fortemente relacionados com a presença de complicações diabéticas.

O presente estudo revelou que os níveis de FBG e HbA_{1c}% estavam significativamente aumentados no grupo de diabéticos e doentes de Alzheimer (III) quando comparados com o grupo de diabéticos (I) e isto foi confirmado pelas correlações positivas e significativas entre $HbA_{(1c)}$% e cada uma das $A\beta40$, $A\beta42$, CK total e LDH. Volpe et al [58] afirmaram que um controlo glicémico deficiente (HbA_{1c} > 6,5%) estava positivamente correlacionado com níveis plasmáticos aumentados do fator de necrose tumoral alfa (TNF-α) e do fator de crescimento endotelial vascular (VEGF) em doentes com DM 2, reflectindo a ativação de células imunitárias inatas e também níveis elevados de malondialdeído (MDA), indicando a presença de stress oxidativo em doentes com DM 2 em comparação com indivíduos de controlo saudáveis. O stress oxidativo é considerado um fator de risco para o desenvolvimento da doença de Alzheimer [59]. O stress oxidativo intracelular surge devido ao desequilíbrio na produção de espécies reactivas de oxigénio/nitrogénio e de mecanismos de defesa antioxidantes celulares. Por sua vez, o excesso de oxigénio reativo/espécies de azoto reativo medeia a danificação de proteínas e ácidos nucleicos, causando consequências diretas e deletérias na doença de Alzheimer. Além disso, o stress oxidativo contribui para a produção de produtos finais de glicação avançada através da glicoxidação e da peroxidação lipídica, que são omnipresentes na doença de Alzheimer e servem de marcadores da progressão da doença [60]. Além disso, os presentes resultados sugerem que a melhoria do controlo glicémico a longo prazo, tal como refletido pela HbA_{1c} %, em pessoas com diabetes reduz o risco de desenvolvimento da doença de Alzheimer. Isto estava de acordo com o trabalho de Ramirez et al [61], que referiu que níveis mais elevados de HbA_{1c} % estavam associados a um risco acrescido de DA numa população idosa. Nestes casos, os níveis de HbA_{1c} % $\geq$ 7% foram associados a um risco cinco vezes maior de incidência de DA.

Foi observado que houve uma elevação nos valores de LDH total no plasma no grupo (III) em comparação com o grupo diabético (I) e o grupo de Alzheimer (II). Este resultado foi consistente com o trabalho de Newington et al [62], que observou um aumento na atividade da LDH devido à diminuição da secreção de insulina estimulada pela glicose. A atividade observada da LDH, uma enzima citosólica que catalisa a conversão de piruvato em lactato na glicólise anaeróbica, nos doentes diabéticos pode ser atribuída à acumulação excessiva de piruvato que é convertido em lactato e subsequentemente convertido em glicose no fluxo gluconeogénico.

Por outro lado, o aumento dos níveis de LDH pode ser explicado através do modelo de transporte de lactato astrócito-neurónio (ANLS), como ilustrado na Figura (11). Este modelo sugere que os astrócitos são capazes de absorver a glicose dos vasos sanguíneos cerebrais através do transportador de glicose (GLUT) ou através da quebra do glicogénio nos astrócitos. Esta glicose é então convertida em lactato através da glicólise e libertada no espaço extracelular através de transportadores de mono-carboxilato (MCT). O lactato extracelular é então absorvido pelos neurónios e convertido em piruvato pela lactato desidrogenase [62]. Além disso, a LDH foi medida como um marcador de danos nas células neuronais por Akasofu et al [63]. A libertação da enzima LDH demonstrou ser uma ferramenta útil para medir danos ou deficiências celulares precoces. Esta enzima é libertada das células neuronais devido à perda de integridade da membrana [64].

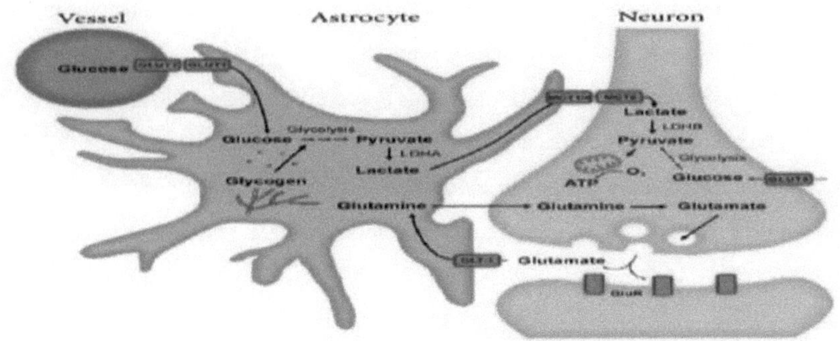

Figura (11): O modelo de transporte de lactato astrócito-neurónio [62].

No cérebro, a forma citosólica dimérica da CK é denominada CK do tipo cerebral (CK- BB) [65]. É muito expressa no plexo coroide, no grânulo do hipocampo e nas células piramidais. O hipocampo é importante para a aprendizagem e a memória e é o mais gravemente afetado na doença de Alzheimer. As perturbações na atividade da CK no cérebro podem aumentar a gravidade da doença de Alzheimer [66]. Este facto explica o aumento significativo dos níveis plasmáticos de CK total no grupo de doentes de Alzheimer (II) e no grupo de doentes diabéticos e de Alzheimer (III) em comparação com o grupo de diabéticos (I) no presente estudo.

Pela avaliação do perfil lipídico plasmático, verificou-se uma correlação positiva significativa entre a HbA1c % e o colesterol total (r =0,64, p <0,01). A dislipidemia, como anormalidade metabólica, está frequentemente associada à DM. A sua prevalência é variável, dependendo do tipo e gravidade da diabetes, do controlo glicémico, do estado nutricional, da idade e de outros factores. Mais de 70% dos pacientes com DM tipo 2 apresentam um ou mais tipos de dislipidemia.

Do mesmo modo, Regmi et al [67] revelaram uma elevada prevalência de hipercolesterolemia, hipertrigliceridemia e níveis elevados de LDL-C em doentes diabéticos.

Na diabetes, muitos factores podem afetar os níveis de lípidos no sangue devido à inter-relação entre os hidratos de carbono e o metabolismo dos lípidos [68]. Vários estudos mostraram que a insulina, defeito primário na DM tipo 2, afecta a produção hepática de apolipoproteínas, regula a atividade enzimática da lipoproteína lipase e da proteína de transporte de ésteres de colesterol, causando dislipidemia em doentes diabéticos. Além disso, a resistência à insulina reduz a atividade da lipase hepática e vários passos na produção da lipoproteína lipase biologicamente ativa [69]. Para além disso, a hiperglicemia aumenta progressivamente a transferência de ésteres de colesterol do HDL-C para as partículas de VLDL-C, pelo que as partículas de LDL mais densas adquirem uma grande proporção destes ésteres de HDL e diminuem ainda mais o nível de HDL-C. Além disso, a insulinização deficiente resulta em aumento da lipólise nos adipócitos, levando a um aumento do transporte de ácidos gordos para o fígado, uma anomalia comum na DM tipo 2, e, portanto, a um aumento do VLDL-C [68].

Além disso, o presente resultado mostrou que houve um aumento significativo em cada um dos valores de colesterol total, triglicéridos e colesterol LDL no grupo (III) em comparação com os grupos (I e II). Por outro lado, registaram-se correlações positivas significativas entre cada um dos valores de colesterol total e LDL-colesterol e cada um dos valores de Aβ_{40} e Aβ_{42}. Várias noções apoiam a hipótese de que os lípidos podem estar diretamente envolvidos nas principais alterações patológicas da DA. Em primeiro lugar, o cérebro contém aproximadamente 30% do colesterol total do corpo e, por conseguinte, é o órgão mais rico em colesterol do corpo. O colesterol é um componente essencial das membranas celulares e desempenha um papel crucial no desenvolvimento e manutenção da plasticidade e função neuronais [70]. Por sua vez, a plasticidade e a função neuronais estão comprometidas na doença de Alzheimer. Em segundo lugar, todas as proteínas envolvidas no processamento da proteína precursora Aβ (AβPP), que leva à produção da proteína Aβ, são proteínas integrais da membrana e a clivagem da γ-secretase produtora de Aβ ocorre no meio da membrana, sugerindo que o ambiente lipídico das enzimas de clivagem influencia a produção de Aβ e, consequentemente, a patogénese da DA. A clivagem pela β-secretase e pela γ-secretase associadas à membrana resulta em formas amiloidogénicas que se agregam como placas extracelulares. Em terceiro lugar, foi sugerido que o excesso de colesterol na membrana pode promover indiretamente a produção de emaranhados neurofibrilares. A noção subjacente a esta hipótese é que os emaranhados neurofibrilares são compostos principalmente por tau hiperfosforilada e que o Aβ pode induzir a fosforilação da tau [71]. Outras alterações na doença de Alzheimer, que produzem um desequilíbrio oxidativo, foram atribuídas à toxicidade relacionada com a amiloide-^ e/ou ao metabolismo alterado dos metais no cérebro e nos tecidos periféricos [72,73], como ilustrado na Figura (12) [74]. Além disso, há provas de que concentrações elevadas de oxisteróis, derivados oxidados do colesterol, podem provocar apoptose neuronal e exocitose. As concentrações dos produtos da oxidação do colesterol aumentam em consequência da neuro-inflamação associada à lesão cerebral. No entanto, por sua vez, aumentam a exocitose e a libertação de neurotransmissores, agravando assim a excitotoxicidade [75]. Tudo isto prova a validade dos estudos que mencionam que a diabetes está relacionada com a doença de Alzheimer através dos lípidos. A diabetes provoca dislipidemia, que tem um papel na patogénese da doença de Alzheimer.

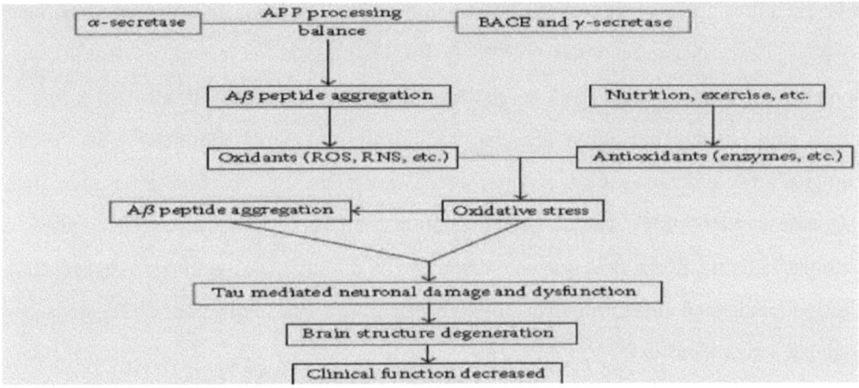

Figura (12): Stress oxidativo na demência de Alzheimer. APP: proteína precursora de amiloide; BACE: beta-secretase; ROS: espécies reactivas de oxigénio; RNS: espécies reactivas de azoto; Aβ: amiloide β [74].

Vale a pena mencionar que a doença de Alzheimer e a diabetes tipo 2 são caracterizadas por um aumento da prevalência com o envelhecimento, uma predisposição genética e caraterísticas patológicas comparáveis nas ilhotas e no cérebro (amiloide derivado da proteína amiloide no cérebro na doença de Alzheimer e amiloide das ilhotas derivado do polipéptido amiloide das ilhotas no pâncreas na DM tipo 2) [76]. A DA coincide com a formação de placas amilóides extracelulares compostas pelas amilóides β_{40} e β_{42} ($A\beta_{40}$ & $A\beta_{42}$) [77]. A agregação e a subsequente acumulação cerebral do péptido $A\beta$ é um fator-chave de iniciação na doença de Alzheimer, em que a agregação $A\beta$ começa aproximadamente 15 anos antes do início dos sintomas cognitivos [78].

Os presentes resultados também demonstraram uma elevação significativa dos níveis de insulina sérica no grupo de diabéticos e doentes de Alzheimer (III) em comparação com o grupo de diabéticos (I). Por outro lado, verificou-se uma elevação significativa dos níveis plasmáticos de $A\beta_{40}$ e $A\beta_{42}$ nos doentes diabéticos e com doença de Alzheimer (grupo III) em comparação com os doentes com doença de Alzheimer (grupo II). Estes resultados estão de acordo com a correlação positiva significativa entre a insulina e cada um dos níveis de $A\beta_{40}$

e Aβ42. A resistência à insulina pode ser detectada 10-20 anos antes do início clínico da hiperglicemia. Nesta situação, as células β das ilhotas do pâncreas segregam níveis mais elevados de insulina para compensar a diminuição da função dos receptores, tornando a hiperinsulinémia uma caraterística comum nos doentes com DM2. Embora os receptores de insulina no cérebro tenham uma estrutura e funções distintas dos seus homólogos periféricos, a evidência indica que níveis excessivos de insulina estão associados a um declínio funcional no sistema nervoso central (SNC) [79]. A insulina regula os níveis de acetilcolina, norepinefrina e neurotransmissores do sistema nervoso central, que influenciam a função cognitiva [80]. É evidente que a insulina desempenha um papel significativo na função neurológica através do seu efeito na colina acetil transferase, uma enzima responsável pela produção de acetilcolina. A acetilcolina, um neurotransmissor, é responsável pela cognição e pela formação da memória, pelo que uma disfunção na produção de insulina e a resistência à insulina podem levar a uma diminuição dos níveis de acetilcolina, o que pode ter repercussões na cognição e na memória [81].

Curiosamente, a insulina modula o nível de Aβ aumentando a sua secreção [82] ou inibindo a degradação de Aβ mediada pela enzima degradadora de insulina (IDE) [83], como se mostra na Figura (13) [84]. Os níveis de IDE ou insulina, que é altamente expressa no cérebro, estão reduzidos nos hipocampos dos doentes de Alzheimer. Vários relatórios sugerem que a sinalização da insulina regula a expressão da IDE [85]. A resistência à insulina do tipo 2 DM reduz a proteína IDE no cérebro [86]. Por outro lado, o recetor de insulina (IR) ligado à insulina recebe internalização. O IDE degrada a insulina ligante no endossoma. O recetor livre é transferido para a membrana e reciclado. Quando o IDE é funcional, um número suficiente de receptores é reciclado para a superfície celular, e o sinal a jusante mantém a expressão do IDE. Se a função da IDE for insuficiente, os IR ligados ao ligando ficam presos e não podem ser transferidos/reciclados. A redução dos IR disponíveis provoca resistência à insulina e a consequente diminuição da ação da insulina provoca a desregulação da IDE, o que agrava a insuficiência da IDE como um "ciclo vicioso". Devido à forte capacidade de degradação de Aβ da IDE, os defeitos na atividade da IDE no cérebro podem ser um gatilho direto da deposição de Aβ para desenvolver a doença de Alzheimer [85]. Entretanto, o presente estudo coincide com o trabalho de Zhao et al [87], que demonstrou que a redução da IDE causada pela ação insuficiente da insulina no cérebro pode acelerar o aparecimento da doença de Alzheimer. Em contrato, a IDE tem um papel na manutenção da sensibilidade à insulina no organismo [85].

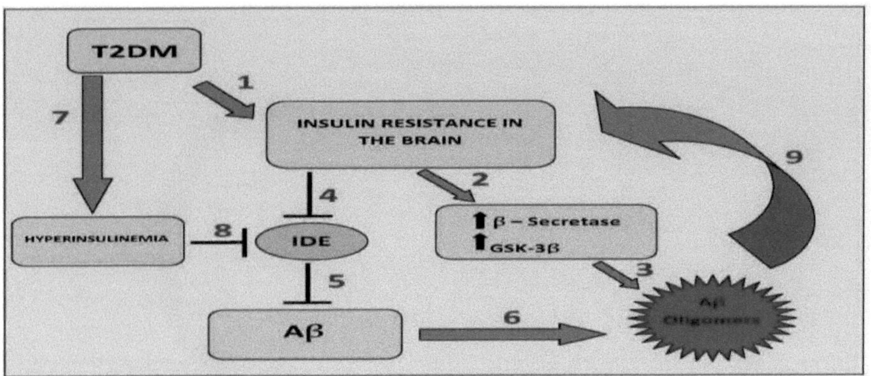

Figura (13): Efeito da resistência à insulina no nível de amiloide-beta. (1) O DM 2 pode levar à indução de resistência à insulina no cérebro. (2) A redução da sinalização da insulina no cérebro aumenta as actividades das secretases GSK-3β e β que (3) aumentam os níveis de oligómeros Aβ tóxicos. Para além disso, (4) a resistência à insulina diminui a expressão da IDE que degrada a Aβ. (5) O IDE reduzido leva então ao aumento de Aβ e (6) acumulação de oligómeros Aβ. A DMT2 também causa (7) hiperinsulinemia, que agrava as deficiências de IDE porque (8) o excesso de insulina ocupa os locais de ligação de IDE, tornando-os indisponíveis para Aβ. O aumento do processamento amiloidogénico que ocorre na resistência à insulina, combinado com a diminuição da depuração de Aβ pela IDE, resulta num ciclo de feedback positivo deletério, uma vez que (9) os oligómeros de Aβ contribuem para a resistência à insulina no cérebro. À medida que os níveis de Aβ continuam a aumentar, a resistência à insulina piora, levando a uma maior produção do péptido tóxico [84].

É intrigante investigar os mecanismos pelos quais a DA afecta o fenótipo diabético. Podem ser levantadas várias hipóteses. Em primeiro lugar, o controlo central do metabolismo periférico da glicose pode estar comprometido na DA [88]. Em segundo lugar, a Aβ plasmática pode mediar a resistência periférica à insulina. Em terceiro lugar, a acumulação de Aβ ocorre no pâncreas [89]. Zhang et al [90], relataram anteriormente que os ratos transgénicos da DA com proteína precursora amiloide (APP)/presenilina 1 (PS1) com níveis plasmáticos aumentados de Aβ 40/42 têm uma tolerância à glicose/insulina diminuída e sinalização hepática da insulina, bem como ativação da via JAK2/STAT3/SOCS1. A via JAK/STAT/SOCS foi inicialmente identificada como estando a jusante de citocinas inflamatórias [91], através das quais a inflamação agrava a resistência à insulina no sistema periférico. Nesta edição da diabetes, Zhang et al [92] alargaram esta linha de investigação, examinando o papel da Aβ plasmática na resistência à insulina in vivo, conforme ilustrado na

Figura (14). Todas as evidências mencionadas confirmam sem dúvida a associação bidirecional entre a diabetes e a patogénese da doença de Alzheimer.

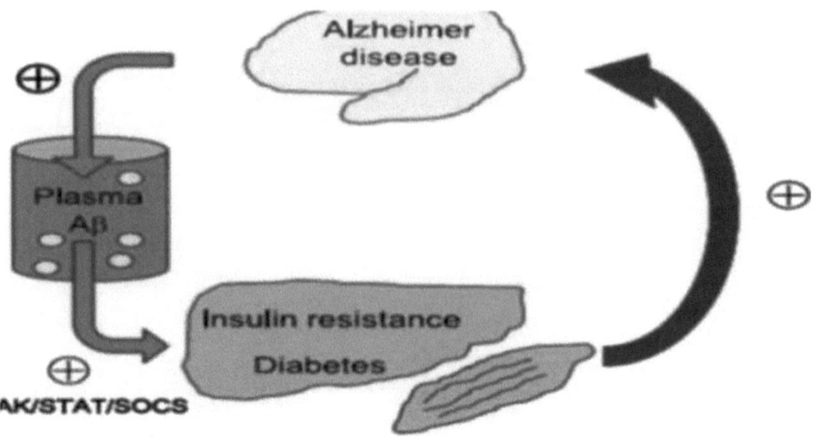

Figura (14): A Aβ plasmática medeia a resistência sistémica à insulina na interação entre a doença de Alzheimer e a diabetes [92].

Além disso, no presente estudo, verificou-se uma elevação significativa dos níveis plasmáticos de PCR nos doentes diabéticos e com doença de Alzheimer (grupo III) em comparação com o grupo (I) e uma correlação positiva significativa entre a HbA1c% e a PCR. A DM tipo 2 é uma condição inflamatória aterotrombótica, os dados sobre a regulação da PCR vascular são escassos. Os factores inflamatórios e metabólicos associados à diabetes, como a glicemia elevada, adipocinas, lipoproteínas modificadas e ácidos gordos livres podem desencadear a produção de PCR, um membro da família das pentraxinas que participa na resposta sistémica à inflamação, pelas células endoteliais, células musculares lisas, placas ateroscleróticas e monócitos/macrófagos. Além disso, o presente trabalho mostrou correlações positivas significativas entre a PCR e cada uma das Aβ40 e Aβ42, o que está de acordo com o trabalho de Yarchoan et al [93], que forneceu provas de que a PCR plasmática tem sido descrita como aumentando em doenças com inflamação crónica, incluindo a doença de Alzheimer. Os estudos histopatológicos do tecido cerebral da DA demonstram uma imunorreactividade generalizada da PCR em áreas com patologia da DA.

Níveis mais elevados de PCR foram significativamente relacionados com concentrações cerebrais mais elevadas de mioinositol (mI)/Creatina (Cr), relacionando a PCR com alterações neuroquímicas ligadas ao desenvolvimento de condições de deficiência cognitiva como a doença de Alzheimer. Foi também demonstrado que as perturbações na mI/Cr cerebral, um osmólito orgânico e marcador da proliferação glial [94], precedem o início do declínio cognitivo em condições que promovem a ativação imunitária e a neuro-inflamação [95,96]. O aumento de mI/Cr pode ser o aumento da difusão da água no cérebro na presença de condições pró-inflamatórias. Devido ao seu efeito degradante na integridade dos tecidos, a inflamação tem sido positivamente correlacionada com o aumento da difusão da substância branca em doenças neurodegenerativas [97,98] e em condições neuro-inflamatórias agudas [99]. Por sua vez, o aumento da difusão da água no cérebro tem sido associado a níveis mais elevados de osmólitos cerebrais, incluindo mI/Cr [100]. A inflamação sistémica e a disfunção endotelial resultante podem também contribuir para condições pró-inflamatórias no cérebro [101,102], levando a um aumento da difusão da água no cérebro e à acumulação glial de osmólitos, como a mI/Cr [103]. A PCR, em particular, tem sido implicada em cascatas autotóxicas que levam à diminuição da integridade endotelial [104], o que, com o tempo, pode prejudicar a autorregulação cerebrovascular e ter um impacto negativo na cognição [105]. Uma explicação relacionada com o aumento da mI/Cr é o aumento da permeabilidade da barreira hemato-encefálica (BBB) [106], que pode contribuir para a vulnerabilidade neuronal e eventual declínio cognitivo. O mioinositol acumula-se preferencialmente nos astrócitos, que, juntamente com as junções apertadas endoteliais, proporcionam uma permeabilidade selectiva da BHE. A permeabilidade da BHE aumenta na presença de marcadores inflamatórios e pode levar a elevações tóxicas do cálcio intracelular. O aumento dos níveis de mI/Cr pode ser interpretado como um sinal precoce da proliferação de astrócitos relacionada com a função endotelial prejudicada e o stress osmótico resultante em resposta à inflamação sistémica [107].

Por outro lado, a PCR é encontrada em associação com a patologia de placas e emaranhados no cérebro da DA [108,109] e concentrações de PCR semelhantes às detectadas no soro de doentes com DA são neurotóxicas in vitro [110]. A PCR também pode contribuir para os processos ateroscleróticos [111] e pode aumentar a expressão de moléculas de adesão como a molécula de adesão celular vascular (VCAM-1) e a molécula de adesão intercelular (ICAM-1) em células endoteliais vasculares [112], incluindo células endoteliais no cérebro humano [113], explicando uma correlação positiva significativa entre a PCR e o dímero D. Por outro lado, a hipoperfusão e a hipoxia causadas pela aterosclerose dos vasos cerebrais podem aumentar a produção do péptido Aβ, que, por sua vez, pode promover a formação de lesões ateroscleróticas através do stress oxidativo vascular e da disfunção endotelial, conduzindo a danos vasculares adicionais [114].

Além disso, o presente trabalho revelou que houve um aumento significativo dos níveis plasmáticos de D-dímero no grupo (III) em comparação com o grupo (I) e uma correlação positiva significativa entre a HbA1c e o D-dímero. A diabetes pode estar associada a uma maior instabilidade da lesão e à rutura da placa aterosclerótica [115]. A aterotrombose, definida como rutura da lesão aterosclerótica com formação de trombo sobreposto, é a causa mais comum de morte entre esses pacientes. Após a rutura da placa, a adesão das plaquetas é seguida de ativação local da coagulação, a formação de um coágulo de fibrina reticulado e o desenvolvimento de uma rede oclusiva de fibrina rica em plaquetas. Os doentes com diabetes apresentam um grupo de risco trombótico que é composto por plaquetas hiper-reactivas, regulação positiva de marcadores pró-trombóticos e supressão da fibrinólise. Estas alterações são principalmente mediadas pela presença de resistência à insulina e disglicemia e um estado inflamatório aumentado que afecta diretamente a função plaquetária, os factores de coagulação e a estrutura do coágulo [116]. Os resultados do presente estudo mostraram uma associação positiva significativa entre o dímero D e cada um dos $A\beta40$ e $A\beta42$. Entretanto, os presentes resultados estavam de acordo com o trabalho de Carcaillon et aL [117], que afirmaram que os níveis elevados de D-dímero estavam associados à demência vascular, como a doença de Alzheimer.

No presente estudo, foi demonstrado que a diminuição dos níveis de magnésio foi significativa no grupo diabético e de Alzheimer (III) em comparação com o grupo diabético (I) e foi confirmada por correlações negativas significativas entre cada uma das HbA1c e a duração da DM e o magnésio (associações inversas). O magnésio é um eletrólito de grande importância fisiológica no organismo, sendo o catião intracelular divalente mais abundante nas células, o segundo ião celular mais abundante a seguir ao potássio e o quarto catião em geral no corpo humano [118]. O DM tipo 2 é frequentemente acompanhado por uma alteração do estado do Mg. Foi identificada uma maior prevalência de défices de Mg em doentes com DM2, especialmente naqueles com perfis glicémicos mal controlados e maior duração da doença [119]. Os dados actuais estão de acordo com o trabalho de Barbagallo et al [120], que demonstrou que a excreção urinária de Mg e a glicemia em jejum estão inversamente relacionadas com os níveis séricos de Mg. Tanto a hiperglicemia como a hiperinsulinemia podem aumentar a excreção urinária de Mg. Assim, a hiperglicemia diminui a reabsorção tubular de Mg.

Por outro lado, registaram-se correlações negativas significativas entre o magnésio e cada um dos $A\beta_{40}$ & $A\beta_{42}$ (associação inversa). O magnésio desempenha um papel importante numa grande variedade de processos celulares críticos, incluindo a fosforilação oxidativa, a glicólise, a respiração celular e a síntese proteica. A depleção de magnésio, particularmente no hipocampo, parece representar um importante fator patogénico na DA [121]. Em estudos clínicos e laboratoriais, é encontrada uma diminuição do nível de magnésio em vários tecidos de doentes com DA [122].

<u>*Conclusão*</u>

Este estudo foi um ensaio que permitiu esclarecer vários aspectos associados à diabetes tipo 2 que contribuem para a doença de Alzheimer e vice-versa. Este estudo revelou a importância de Aβ40, Aβ42, insulina, HbA1c, perturbações do perfil lipídico, PCR, D-dímero e magnésio na associação bidirecional entre a diabetes de tipo 2 e a patogénese da doença de Alzheimer, que é potenciada pela sua associação, pelo que foi sugerida a possibilidade de depender da beta amiloide como marcador bioquímico da diabetes de tipo 2 em doentes com doença de Alzheimer.

<u>*Recomendações*</u>

Com base nos resultados deste estudo, recomendamos o seguinte:

- São necessários mais estudos com um maior número de doentes diabéticos de tipo 1 e 2 com e sem doença de Alzheimer.

- Novas potencialidades terapêuticas, como a neutralização de Aβ por anticorpos anti-Aβ, podem ser uma nova estratégia para combater a resistência à insulina e a diabetes.

Referências

1. **Barbagallo M e Dominguez LJ.** Diabetes mellitus tipo 2 e doença de Alzheimer. *World J Diabetes.* 2014; 5: 889-893.

2. **Strachan MW, Reynolds RM, Marioni RE e Price JF.** Cognitive function, dementia and type 2 diabetes mellitus in the elderly. *Nat Rev Endocrinol.* 2011; 7: 108-114.

3. **Li X, Song D e Leng SX.** Link between type 2 diabetes and Alzheimer's disease: from epidemiology to mechanism and treatment. *Clin Interv Aging.* 2015; 10: 549560.

4. **Querfurth HW e LaFerla FM.** Alzheimer's disease (Doença de Alzheimer). *N Engl J Med.* 2010; 362: 329-344.

5. **Biessels GJ, Staekenborg S, Brunner E, Brayne C e Scheltens P.** Risk of dementia in diabetes mellitus: a systematic review. *Lancet Neurol.* 2006; 5: 64-74.

6. **De La Monte SM.** Contribuições da resistência e deficiência de insulina no cérebro para a neurodegeneração relacionada com a amiloide na doença de Alzheimer. *Drugs.* 2012; 72: 49-66.

7. **Associação Americana de Diabetes.** Diagnosis and Classification of Diabetes Mellitus (Diagnóstico e Classificação da Diabetes Mellitus). *Diabetes Care.* 2009; 32: S62-S67.

8. **Daniel JM, Justin MG, Yaa AK, e Simmons JH.** Mitigando as complicações micro e macro vasculares do diabetes que começam na adolescência. *Vasc Health Risk Manag.* 2009; 5: 1015-1031.

9. **Shalaby S e Bauer ES.** Economic development and diabetes prevalence in MENA countries: Comparação entre o Egito e a Arábia Saudita. *World J Diabetes.* 2015; 6: 304-311.

10. **Associação Americana de Diabetes.** Padrões de cuidados médicos em diabetes - 2014. *Diabetes Care.* 2014; 37: S14-S80.

11. **Kawser A, Emily AL, Stephen AM, Natalie M, Melanie R e Robert B R.** Diabetes mellitus and Alzheimer's disease: shared pathology and treatment. *Br J Clin Pharmacol.* 2011; 71: 365-376.

12. **Fletcher B, Gulanick M e Lamendola C.** Risk factors for type 2 diabetes mellitus. *J Cardiovasc Nurs.* 2002; 16: 17-23.

13. **Leahy JL.** Patogénese da diabetes mellitus tipo 2. *Pesquisa em Medicina.* 2005; 36: 197-209.

14. **Saito T, Misawa K e Kawata S.** Fatty liver and non-alcoholic steatohepatitis. *Intern Med.* 2007; 46: 101-103.

15. **Suzanne MM e Jack RW.** Alzheimer's disease is type 3 diabetes-evidence reviewed. *JDiabetes Sci Technol.* 2008; 2: 1101-1113.

16. **Johan L, Magnus MH, Johan S, Gunnar N, Pontus F, Samuel S, Liselotte J, Gunilla J, Bengt W e Jonas E.** The battle of Alzheimer's disease - the beginning of the future unleashing the potential of academic discoveries. *Front Pharmacol.* 2014; 5: 102.

17. **Xiaohua L, Dalin S e Sean XL.** Link between type 2 diabetes and Alzheimer's disease: from epidemiology to mechanism and treatment. *Clin Interv Aging.* 2015; 10: 549-560.

18. **Nicola P, Antonia P, Giuseppe B e Dario R.** Critical review on the relationship between glaucoma and Alzheimer's disease. *Adv Ophthalmol Vis Syst.* 2014; 1: 24.

19. **Sunil kS, Ankita s, Ved P e Selvaa kC.** Modelação da estrutura e análise da mutação e fosforilação de peptídeos beta-amilóides orientada para a dinâmica. *Bioinformation.* 2014; 10: 569-574.

20. **Sung S, Choi SL, Seung UK, e Hong JL.** A doença de Alzheimer e a terapia com células estaminais. *Exp Neurobiol.* 2014; 23: 45-52.

21. **De Oliveira FF, Bertolucci PH, Chen ES e Smith MC.** Assessment of risk factors for early onset of sporadic Alzheimer's disease dementia. *Neurol India.* 2014; 62: 625-630.

22. **Gumpeny R Sridhar, Gumpeny Lakshmi e Gumpeny Nagamani.** Emerging links between type 2 diabetes and Alzheimer's disease. *World J Diabetes.* 2015; 6: 744-751.

23. **Clarke JR, Silva NML, Figueiredo CP, Frozza RL, Ledo JH, Beckman D, Katashima CK, Razolli D, Carvalho BM, Frazao R, Silveira MA, Ribeiro FC, Bomfim TR, Neves FS, Klein WL, Medeiros R, LaFerla FM, Carvalheira JB, Saad MJ, Munoz DP, Velloso LA, Ferreira ST e De Felice FG.** Os oligómeros Aβ associados ao Alzheimer têm impacto no sistema nervoso central para induzir a desregulação metabólica periférica. *EMBO Mol Med.* 2015; 7: 190-210.

24. **Liu X, Teng Z, Cui C, Wang R, Liu M, e Zhang Y.** Difusíveis derivados do beta-

amiloide ligandos (ADDLs) induzem a expressão anormal de receptores de insulina em neurónios do hipocampo de ratos. *J Mol Neurosci.* 2014; 52: 124-130.

25. **Abdalla B, Yassin M, Abir M, Bisharat B e Armaly Z.** Medicina tradicional e moderna harmonizando as duas abordagens no tratamento da neurodegeneração (doença de Alzheimer - DA). *Intechopen.* Capítulo 10. 2012: 182-208.

26. **Clarke JR, Bomfim TR e De Felice FG.** Inflammation, defective insulin signaling, and neuronal dysfunction in Alzheimer's disease (Inflamação, sinalização deficiente da insulina e disfunção neuronal na doença de Alzheimer). *Alzheimer & Dementia.* 2014; 10: 76-83.

27. **Barnes DE e Yaffe K.** The projected effect of risk fator reduction on Alzheimer's disease prevalence (O efeito projetado da redução dos factores de risco na prevalência da doença de Alzheimer). *Lancet Neurol.* 2011; 10: 819-828.

28. **Arenillas JF, Ispierto L, Millan M, Escudero D, Pérez de la Ossa N, Dorado L, Guerrero C, Serena J, Castillo J e Dàvalos A.** Síndrome metabólica e resistência à trombólise IV no acidente vascular cerebral isquémico da artéria cerebral média. *Neurology.* 2008; 71: 190-195.

29. **De Angelis, Scrucca L, Leandri M, Mincigrucci S, Bistoni S, Bovi M, Calabrese G, Pippi R, Parretti D, Grilli P, Colorio P, Fattorini M, Flamini O, Pacetti E, Travaglini A e Santeusanio F.** Prevalência de estenose carotídea em doentes diabéticos de tipo 2 assintomáticos por doença cerebrovascular. *Diabetes Nutr Metab.* 2003; 16: 48-55.

30. **Letonja, MS, Nikolajevic-Starcevic J, Batista DC, Osredkar J e Petrovic D.** Associação do polimorfismo C242T no gene NADPH oxidase phox com aterosclerose carotídea em pacientes eslovenos com diabetes tipo 2. *Mol Biol Rep.* 2012; 39: 10121-10130.

31. **Palomo I, Alarcón M, Moore-Carrasco R e Argilés JM.** Alterações da hemostasia na síndrome metabólica (revisão). *Int J Mol Med,* 2006; 18: 969-974.

32. **Alessif MC e Juhan-vague I.** Metabolic syndrome, haemostasis and thrombosis. *Thromb Haemost.* 2008; 99: 995-1000.

33. **De la Monte SM e Wands JR.** Alzheimer's Disease Is Type 3 DiabetesEvidence Reviewed. *JDiabetes Sci Technol.* 2008; 2: 1101-1113.

34. **Reddy VP, Zhu X, Perry G e Smith MA.** Oxidative stress in diabetes and Alzheimer's disease. *J Alzheimers Dis.* 2009; 16: 763-774.

35. **KB e Rizvi SI.** Plant polyphenols as dietary antioxidants in human health and disease. *Oxid Med Cell Longev.* 2009; 2: 270-278.

36. **Comité de Peritos para o Diagnóstico e Classificação da Diabetes Mellitus.** Relatório do comité de peritos sobre o diagnóstico e a classificação da diabetes mellitus. *Diabetes Care.* 2003; 26: S5- S20.

37. **Schumacher A, Seljeflot I, Sommervoll L, Christensen B, Otterstad JE, and Arnesen H.** Increased levels of markers of vascular inflammation in patients with coronary heart disease. *Scand J Clin Lab Invest.* 2002; 62: 59-68.

38. **Trinder P.** Determinação da glucose no sangue utilizando um sistema oxidase-peroxidase com um cromogénio não cancerígeno. *J Clin Pathol.* 1969; 22: 158-161.

39. **Roberts WL, De BK, Brown D, Hanbury CM, Hoyer JD, John WG, Lambert TL, Lundell RB, Rohlfing C e Little RR.** Effects of hemoglobin C and S traits on eight glycohemoglobin methods. *Clin Chem.* 2002; 48: 383-385.

40. **Temple RC, Clark PM e Hales CN.** Measurement of insulin secretion in type 2 diabetes: problems and pitfalls (Medição da secreção de insulina na diabetes tipo 2: problemas e armadilhas). *Diabetic medicine.* 1992; 9: 503-512.

41. **Fossati P and Prencipe L.** Serum triglycerides determined colourimetrically with an enzyme that produces hydrogen peroxide. *Clin Chem.* 1982; 28: 2077-2080.

42. **Deeg R and Ziegenohrm J.** Kinetic enzymatic method for automated determination of total cholesterol in serum. *J Clin Chem.* 1983; 29: 1798-1802.

43. **Burstein M, Selvenick HR e Morfin R.** Rapid method for the isolation of lipoproteins from human serum by precipitation with polyanions. *J Lipid Res.* 1970; 11: 583-595.

44. **Friedewald WT, Levy RI e Fredrickson DS.** Estimativa da concentração de colesterol de lipoproteínas de baixa densidade no plasma, sem utilização da ultracentrífuga preparativa. *Clin Chem.* 1972; 18: 499-502.

45. **Galasko D.** Biomarkers for Alzheimer's disease-clinical needs and application (Biomarcadores para a doença de Alzheimer - necessidades e aplicações clínicas). *J Alzheimers Dis.* 2005; 8: 339-346.

46. **Thakker DR, Weatherspoon MR, Harrison J, Keene TE, Lane DS, Kaemmerer**

WF, Stewart GR e Shafer LL. Os anticorpos amilóides-beta intracerebroventriculares reduzem a angiopatia amiloide cerebral e as micro-hemorragias associadas em ratinhos Tg2576 idosos. *Proc Natl Acad Sci.* 2009; 106: 4501-4506.

47. **Clearfield MB.** Proteína C-reactiva: uma nova ferramenta de avaliação do risco de doença cardiovascular. *J Am Osteopath Assoc.* 2005; 105:409-416.

48. **Franck PF, Steen G, Lombarts AJ, Souverijn JH e Van Wermeskerken RK.** Harmonização multicêntrica de resultados de enzimas comuns através de soros frescos de pool de doentes. *Clin Chem.* 1998; 44: 614-621.

49. **Tang XQ, Ren YK, Chen RQ, Zhuang YY, Fang HR, Xu JH, Wang CY e Hu B.** O formaldeído induz neurotoxicidade nas células PC12 envolvendo a inibição da expressão e atividade da paraoxonase-1. *Clin Exp Pharmacol Physiol.* 2011; 38: 208214.

50. **Nishank SS, Singh MP e Yadav R.** Clinical impact of fator V Leiden, prothrombin G20210A, and MTHFR C677T mutations among sickle cell disease patients of Central India. *Eur J Haematol.* 2013; 91: 462-466.

51. **Mann CK e Yoe JH.** Determinação espectrofotométrica de magnésio com azul de xilidilo. *Anal Chem Ata.* 1957; 16: 155-160.

52. **Crane PK, Walker R, Hubbard RA, Li G, Nathan DM, Zheng H, Haneuse S, Craft S, Montine TJ, Kahn SE, McCormick W, McCurry SM, Bowen JD e Larson EB.** Glucose levels and risk of dementia. *N Engl J Med.* 2013; 369:540-548.

53. **Morris JK, Vidoni ED, Honea RA e Burns JM.** Alzheimer's disease neuroimaging initiative. impaired glycemia increases disease progression in mild cognitive impairment. *Neurobiol Aging.* 2014; 35: 585-589.

54. **Kowall B e Rathmann W.** HbA1c para o diagnóstico da diabetes tipo 2. Existe um ponto de corte ótimo para avaliar o risco elevado de complicações da diabetes e qual o desempenho do ponto de corte de 6,5%? *Diabetes Metab Syndr Obes.* 2013; 6: 477-491.

55. **Colagiuri S, Lee CM, Wong TY, Balkau B, Shaw JE e Johnsen KB.** Glycemic thresholds for diabetes-specific retinopathy: implications for diagnostic criteria for diabetes. *Diabetes Care.* 2011; 34: 145-150.

56. **Tapp RJ, Zimmer PZ, Harper CA, De Courten MP, McCarty DJ, Balkau B, Taylor HR, Welbourn TA e Shaw JE.** Aus. Diab. Study Group Diagnostic thresholds for diabetes:

the association of retinopathy and albuminuria with glycaemia. *Diabetes Res Clin Pract.* 2006; 73: 315-321.

57. **Mohan V, Sandeep S, Deepa M, Gokulakrishnan K, Datta M e Deepa R.** A diabetes risk score helps identify metabolic syndrome and cardiovascular risk in Indians - the Chennai Urban Rural Epidemiology Study (CURES-38). *Diabetes Obes Metab.* 2007; 9: 337-343.

58. **Volpe CMO, Abreu LFM, Soares AN, E Silva FDL, Chaves MM e Machado JAN.** Níveis elevados de HbA1c em pacientes com DM2 correlacionam-se positivamente com aumento de biomarcadores de estresse oxidativo e níveis de IL-6. *Endocrinologia e Diabetes Mellitus.* 2014; 2: 130-135.

59. **Butterfield DA, Di Domenico F e Barone E.** Elevated risk of type 2 diabetes for development of Alzheimer disease: a key role for oxidative stress in brain. *Biochim Biophys Ata.* 2014; 1842: 1693-1706.

60. **Prakash VR, Xiongwei Z, George P e Mark AS.** Oxidative Stress in Diabetes and Alzheimer's disease (Stress oxidativo na diabetes e na doença de Alzheimer). *J Alzheimers Dis.* 2009; 16: 763-774.

61. **Ramirez A, Wolfsgruber S, Lange C, Kaduszkiewicz H, Weyerer S, Werle J, Pentzek M, Fuchs A, Riedel-Heller SG, Luck T, Mosch E, Bickel H, Wiese B, Prokein J, Konig HH, Brettschneider C, Breteler MM, Maier W, Jessen F e Scherer M.** Elevated HbA1c is associated with increased risk of incident dementia in primary care patients. *J Alzheimers Dis.* 2015; 44: 1203-1212.

62. **Newington JT, Harris RA e Cumming RC.** Reavaliação do metabolismo na doença de Alzheimer na perspetiva do modelo de transporte de lactato astrócito-neurónio. *Jornal de Doenças Neurodegenerativas.* 2013; 2013: 1-13.

63. **Akasofu S, Kimura M, Kosasa T, Sawada K e Laura H.** Estudo da neuroprotecção do donepezil, uma terapia para a doença de Alzheimer. *Chem Biol interact.* 2008; 175: 222-226.

64. **Zhang X, Yang F, Xu C, Liu W, Wen S e Xu Y.** Avaliação da citotoxicidade de três pares de enantiómeros de hexabromociclododecano (HBCD) em células G2 de ajuda. *Toxical in vitro.* 2008; 22: 1520-1527.

65. **Schlattner U, Tokarska-Schlattner M e Wallimann T.** Mitochondrial creatine kinase in human health and disease. *Biochim Biophys Ata.* 2006; 1762: 164-80.

66. **Bürklen TS, Schlattner U, Homayouni R, Gough K, Rak M, Szeghalmi A e Wallimann T.** The creatine kinase/creatine connection to Alzheimer's disease: CK inactivation, APP-CK complexes, and focal creatine deposits. *J Biomed Biotechnol.* 2006; 2006: 1-11.

67. **Regmi P, Gyawali P, Shrestha R, Sigdel M, Mehta KD e Majhi S.** Pattern of dyslipidemia in type-2 diabetic subjects in Eastern Nepal. *J Nepal Assoc Med Lab Sci.* 2009; 10: 11-13.

68. **Dixit AK, Dey R, Suresh A, Chaudhuri S, Panda AK, Mitra A e Hazra J.** The prevalence of dyslipidemia in patients with diabetes mellitus of ayurveda Hospital. J *Diabetes e Distúrbios Metabólicos.* 2014; 13: 58.

69. **Elinasri HA e Ahmed AM.** Padrões de alterações lipídicas em doentes com diabetes tipo 2 no Sudão. *J Eastern Mediter Health.* 2008; 14: 2.

70. **Pfrieger FW.** Cholesterol homeostasis and function in neurons of the central nervous system. *J Cell Mol Life Sci.* 2003; 60: 1158-1171.

71. **Reitz C.** Dyslipidemia and the risk of Alzheimer's disease. *J HHS.* 2014; 15: 307.

72. **Smith MA, Rottkamp CA, Nunomura A, Raina AK e Perry G.** Oxidative stress in Alzheimer's disease (stress oxidativo na doença de Alzheimer). *Biochimicaet Biophysica Ata.* 2000; 1502: 139-144.

73. **Migliore L, Fontana I, Trippi F, Colognato R, Coppedè F, Tognoni G, Nucciarone B e Siciliano G.** Oxidative DNA damage in peripheral leukocytes of mild cognitive impairment and AD patients. *Neurobiology of Aging.* 2005; 26: 567573.

74. **Chang YT, Chang WN, Tsai NW, Huang CC, Kung CT, Su YJ, Lin WC, Cheng BC, Su CM, Chiang YF e Lu CH.** O papel dos biomarcadores do stress oxidativo e dos antioxidantes na doença de Alzheimer: Uma revisão sistemática. *BioMed Research International.* 2014; 2014:1-14.

75. **Ma MT, Zhang J, Farooqui AA, Chen P e Ong WY.** Effects of cholesterol oxidation products on exocytosis. *Neurosci Lett.* 2010; 476: 36-41.

76. **Janson J, Laedtke T, Parisi JE, Brien PO, Petersen RC e Butler PC.** Aumento do risco de diabetes tipo 2 na doença de Alzheimer. *Diabetes.* 2004; 53: 474-481.

77. **Barritt JD e Viles JH.** A amiloide-β truncada (11-40/42) da doença de Alzheimer liga-se ao cobre²+ com uma afinidade femtomolar e influencia a montagem da fibra. *J Biol Chem.* 2015; 290: 27791-27802.

78. **Holtzman DM, Morris JC e Goate AM.** Alzheimer's disease: the challenge of the second century. *Sci Transl Med.* 2011; 3: 77.

79. **Zhao WQ and Townsend M.** Insulin resistance and amyloidogenesis as common molecular foundation for type 2 diabetes and Alzheimer's disease. *Biochimica et Biophysica Ata.* 2009; 179: 482-496.

80. **Cholerton B, Baker LD e Craft S.** Insulin resistance and pathological brain ageing (Resistência à insulina e envelhecimento patológico do cérebro). *Diabet Med.* 2011; 28:1463-1475.

81. **Ojo O e Brooke J.** Evaluating the association between diabetes, cognitive decline and dementia (Avaliação da associação entre diabetes, declínio cognitivo e demência). *J Environ Res Public Health.* 2015; 12: 8281-8294.

82. **Gasparini L, Gouras GK, Wang R, Gross RS, Beal MF, Greengard P e Xu H.** Stimulation of beta-amyloid pre-cursor protein trafficking by insulin reduces intraneuronal beta-amyloid and requires mitogen-activated protein kinase signaling. *J Neurosci.* 2001; 21: 2561-2570.

83. **Qiu WQ, Walsh DM, Ye Z, Vekrellis K, Zhang J, Podlisny MB, Rosner MR, Safavi A, Hersh LB e Selkoe DJ.** Insulin-degrading enzyme regulates extracellular levels of amyloid beta-protein by degradation. *J Biol Chem.* 1998; 273: 32730-32738.

84. **Bokde, ALW, Ewers, M e Hampel H.** Avaliar as redes neuronais: Compreender a doença de Alzheimer. *Progresso em Neurobiologia.* 2009; 89: 125-133.

85. **Craft S.** Insulin resistance and Alzheimer's disease pathogenesis (Resistência à insulina e patogénese da doença de Alzheimer). *Curr Alzheimer Res.* 2007; 4: 147-152.

86. **Jolivalt CG, Lee CA, Beiswenger KK, Smith JL, Orlov M, Torrance MA e Masliah E.** Defective insulin signaling pathway and increased glycogen synthase kinase-3 activity in the brain of diabetic mice: parallels with Alzheimer's disease and correction by insulin.

JNeurosci Res. 2008; 86: 3265-3274.

87. **Zhao L, Teter B, Morihara T, Lim GP, Ambegaokar SS, Ubeda OJ, Frautschy SA e Cole GM.** Insulin-degrading enzyme as a downstream target of insulin recetor signaling cascade: implications for Alzheimer's disease intervention. *J Neurosci.* 2004; 24:11120-11126.

88. **Van de Nes JA, Kamphorst W, Ravid R e Swaab DF.** Comparação dos depósitos da proteína beta- /A4 e das alterações do citoesqueleto coradas com Alz-50 no hipotálamo e áreas adjacentes de doentes com doença de Alzheimer: as placas amorfas e as alterações do citoesqueleto ocorrem independentemente. *Ata Neuropathol.* 1998; 96: 129-138.

89. **Miklossy J, Qing H, Radenovic A, Kis A, Vileno B, Làszló F, Miller L, Martins RN, Waeber G, Mooser V, Bosman F, Khalili K, Darbinian N e McGeer PL.** Beta amiloide e depósitos de tau hiperfosforilados no pâncreas na diabetes tipo 2. *Neurobiol Aging.* 2010; 31:1503-1515.

90. **Zhang Y, Zhou B, Zhang F, Wu J, Hu Y, Liu Y e Zhai Q.** O amiloide-beta induz a resistência à insulina hepática através da ativação da via de sinalização JAK2/STAT3/SOCS-1. *Diabetes.* 2012; 61:1434-1443.

91. **Hirano T, Ishihara K e Hibi M.** Roles of STAT3 in mediating the cell growth, differentiation and survival signals relayed through the IL-6 family of cytokine receptors. *Oncogene.* 2000; 19: 2548-2556.

92. **Zhang Y, Zhou B, Deng B, Zhang F, Wu J, Wang Y, Le Y e Zhai Q.** O amiloide-beta induz a resistência à insulina hepática in vivo via JAK2. *Diabetes.* 2013; 62:1159-1166.

93. **Yarchoan M, Louneva N, Xie SX, Swenson FJ, Hu W, Soares H, Trojanowski JQ, Lee VM, Kling MA, Shaw LM, Chen-Plotkin A, Wolk DA e Arnold SE.** Associação dos níveis plasmáticos de proteína C reactiva com o diagnóstico da doença de Alzheimer. *JNeurol Sci.* 2014; 333: 9-12.

94. **Brand A, Richter-Landsberg C e Leibfritz D.** Multin-uclear NMR studies on the energy metabolism of glial and neuronal cells. *Developmental Neuroscience.* 1993; 15: 289-298.

95. **Huang W, Alexander GE e Dalyetal EM.** Níveis elevados de mio-inositol no cérebro na fase pré-demencial da doença de Alzheimer em adultos com síndrome de Down.

Psychiatry. 1999; 156: 1879-1886.

96. **Fernando KTM, McLean MA, Chard DT, MacManus DG, Dalton CM, Miszkiel KA, Gordon RM, Plant GT, Thompson AJ e Miller DH.** Elevated white matter myo-inositol in clinically isolated syndromes suggestive of multiple sclerosis. *Brain.* 2004; 127: 1361-1369.

97. **Sullivan EV e Pfefferbaum A.** Diffusion tensor imaging in normal aging and neuropsychiatric disorders. *Jornal Europeu de Radiologia.* 2003; 45: 244-255.

98. **Yoshiura T, Mihara F, Ogomori K, Tanaka A, Kaneko K e Masuda K.** Diffusion tensor in posterior cingulate gyrus: correlation with cognitive decline in Alzheimer's disease. *NeuroReport.* 2002; 13: 2299-2302.

99. **Filippi M e Rocca MA.** Aspectos de ressonância magnética da "fase inflamatória" da esclerose múltipla. *Neurological Sciences.* 2003; 24: S275-S278.

100. **Cloak CC, Chang L e Ernst T.** Increased frontal white matter diffusion is associated with glial metabolites and psychomotor slowing in HIV. *Journal of Neuroimmunology.* 2004; 157: 147-152.

101. **Yaffe K, Kanaya A, Lindquist K, Simonsick EM, Harris T, Shorr RI, Tylavsky FA e Newman AB.** The metabolic syndrome, inflammation, and risk of cognitive decline. *JAMA.* 2004; 292: 2237-2242.

102. **Pasceri V, Willerson JT, e Yeh ETH.** Diret pro-inflammatory effect of C- reactive protein on human endothelial cells. *Circulation.* 2000; 102: 2165-2168.

103. **Wersching H, Duning T, Lohmann H, Mohammadi S, Stehling C, Fobker M, Conty M, Minnerup J, Ringelstein EB, Berger K, Deppe M e Knecht S.** Serum C-reactive protein is linked to cerebral microstructural integrity and cognitive function. *Neurology.* 2010; 74: 1022- 1029.

104. **Kim JA, Montagnani M, Kwang KK e Quon MJ.** Reciprocal relationships between insulin resistance and endothelial dysfunction: molecular and pathophysiological mechanisms. *Circulation.* 2006; 113: 1888-1904.

105. **Lavi S, Gaitini D, Milloul V e Jacob G.** Impaired cerebral CO2 vasoreactivity: association with endothelial dysfunction. *American Journal of Physiology.* 2006; 291: H1856- H1861.

106. **Kuhlmann CRW, Librizzi L, Closhen D, Pflanzner T, Lessmann V, Pietrzik CU, De Curtis M e Luhmann HJ.** Mechanisms of C-reactive protein-induced blood-brain barrier disruption. *Stroke.* 2009; 40: 1458-1466.

107. **Abbott NJ.** Astrocyte-endothelial interactions and blood-brain barrier permeability. *Journal of Anatomy.* 2002; 200: 523-534.

108. **Lwamoto N, Nishiyama E, Ohwada J e Arai H.** Demonstração da imunoreactividade da PCR em cérebros com doença de Alzheimer: Estudo imunohistoquímico utilizando o pré-tratamento com ácido fórmico de secções de tecido. *Neurosci Letters.* 1994; 177: 23-26.

109. **Duong T, Nikolaeva M e Acton PJ.** C-reactive protein-like immunoreactivity in the neurofibrillary tangles of Alzheimer's disease. *Brain Res.* 1997; 749: 152-156.

110. **Duong T, Acton PJ e Johnson RA.** The in vitro neuronal toxicity of pentraxins associated with Alzheimer's disease brain lesions. *Brain Res.* 1998; 813: 303-312.

111. **Ferri C, Croce G, Cofini V, De Berardinis G, Grassi D, Casale R, Properzi G e Desideri G.** Proteína C-reactiva: Interação com o endotélio vascular e possível papel na aterosclerose humana. *Curr Pharm Des.* 2007; 13: 1631-1645.

112. **Jialal I, Devaraj S e Singh U.** C-reactive protein and the vascular endothelium: Implications for plaque instability. *J Am Coll Cardiol.* 2006; 47: 1379-1381.

113. **Uchikado H, Akiyama H, Kondo H, Ikeda K, Tsuchiya K, Kato M, da T, Togo T, Iseki E e Kosaka K.** Activation of vascular endothelial cells and perivascular cells by systemic inflammation - an immunohistochemical study of postmortem human brain tissues. *Ata Neuropathol.* 2004; 107: 341-351.

114. **Gupta A and Iadecola C.** Impaired Aβ clearance: a potential link between atherosclerosis and Alzheimer's disease. *Front Aging Neurosci.* 2015; 7: 115.

115. **Krupinski J, Turu MM, Font MA, Ahmed N, Sullivan M, Luque A, Rubio F, Badimon L e Slevin M.** Aumento da expressão do fator tecidular, MMP-8 e D-dímero em doentes diabéticos com aterosclerose carotídea avançada instável. *Vasc Health Risk Manag.* 2007; 3: 405-412.

116. **Vazzana N, Ranalli P, Cuccurullo C e Dav G.** Diabetes mellitus and thrombosis. Thrombosis Research. 2012; 129: 371-377.

117. Carcaillon L, Gaussem P, Ducimetière P, Giroud M, Ritchie K e Scarabin PY. Elevated plasma fibrin D-dimer as a risk fator for vascular dementia: the Three- City cohort study. *J Throm Haemost.* 2009; 7: 1972-1978.

118. Barbagallo M e Dominguez LJ. Magnesium metabolism in type 2 diabetes mellitus, metabolic syndrome and insulin resistance. *Arch Biochem Biophys.* 2007; 458: 40-47.

119. Del Gobbo LC, Song Y, Poirier P, Dewailly E, Elin RJ e Egeland GM. Low serum magnesium concentrations are associated with a high prevalence of premature ventricular complexes in obese adults with type 2 diabetes. *Cardiovasc Diabetol.* 2012; 11: 23.

120. Barbagallo M e Dominguez LJ. Magnésio e diabetes tipo 2. *World J Diabetes.* 2015; 6: 1152-1157.

121. Xu ZP, Li L, Bao J Zhi-Hao Wang, ZH, Zeng J, Liu EJ, Li XG, Huang RZ, Gao D, Li MZ, Zhang Y, Liu GP e Wang JZ. Magnesium Protects Cognitive Functions and Synaptic Plasticity in Streptozotocin-Induced Sporadic Alzheimer's Model. PLoS One. 2014; 9: e108645.

122. Barbagallo M, Belvedere M, Di Bella G e Dominguez LJ. Alteração dos níveis de magnésio ionizado na doença de Alzheimer ligeira a moderada. *Magnesium Research.* 2011; 24: 115-121.

Buy your books fast and straightforward online - at one of world's fastest growing online book stores! Environmentally sound due to Print-on-Demand technologies.

Buy your books online at
www.morebooks.shop

Compre os seus livros mais rápido e diretamente na internet, em uma das livrarias on-line com o maior crescimento no mundo! Produção que protege o meio ambiente através das tecnologias de impressão sob demanda.

Compre os seus livros on-line em
www.morebooks.shop

Printed by Books on Demand GmbH, Norderstedt / Germany